Auftriebsverhältnisse bei Feuerungen unter besonderer Berücksichtigung der Gasfeuerstätten

(Ein Beitrag zur Lösung der Kaminfrage)

Von

Baurat Schumacher
München

Herausgegeben mit Unterstützung des
Deutschen Vereins von Gas- und
Wasserfachmännern E. V.

Mit 80 Abbildungen und 1 Tafel

München und Berlin 1929
Verlag von R. Oldenbourg

Druck von R. Oldenbourg, München

Vorwort.

In meiner beruflichen Tätigkeit mußte ich mich zeitweise mit Fragen der Abgasabführung — zumal von Gasfeuerstätten — beschäftigen, wodurch ich zu der Abfassung dieser Abhandlung angeregt bin. Eine zum Teil ins einzelne gehende Darstellung des Umsatzprozesses von Auftriebsenergie in Strömungsenergie und der dabei auftretenden Erscheinungen wie Druck- und Temperaturveränderungen der Abgase erschien mir notwendig, da sonst keine Klarheit in die verschiedenartig sich äußernden Wirkungen bei der Abgasabführung zu schaffen war. Hierzu wurden die Hilfsmittel der Theorie und des Experiments — soweit als notwendig — herangezogen. Die wegen der Kostenfrage an einfachsten und oft primitivsten Versuchseinrichtungen vorgenommenen Versuche konnten daher ohne Aufwand an nennenswerten Unkosten durchgeführt werden. Es war zunächst vorgesehen, die verzweigten Kamine mit mehreren Anschlüssen in einer ähnlich ausführlichen Weise wie die einfachen Kamine in dieser Arbeit zu behandeln. Da es jedoch fraglich ist, ob für eine mathematische Behandlung der bei diesen Kaminen auftretenden Vorgänge genügend allgemeines Interesse besteht, sind in den vorletzten Abschnitt dieser Abhandlung vorerst lediglich einige grundsätzliche Gleichungen für die Kennzeichnung der Zusammenhänge eingefügt und auf die Veröffentlichung einer eingehenderen Behandlung zunächst verzichtet.

Die wesentlichsten Teile der Abhandlung waren bereits Ende 1926 fertig gestellt; einige Zusätze sind noch Anfang 1928 dazu gekommen, im März des gleichen Jahres ist die Arbeit abgeschlossen und kurz darauf dem Gasinstitut übergeben. Durch mancherlei Verzögerungen ist leider die Veröffentlichung bis jetzt hinausgeschoben, so daß in der Zwischenzeit das eine oder andere schon bekannt geworden ist.

Den Herren Oberbaudirektoren Ludwig und Kleeblatt, Herrn Prof. Dr. Bunte und Herrn Direktor Lempelius, ferner dem städt. Gaswerk München, welche die Arbeit gefördert haben, statte ich hiermit meinen Dank ab. Besonders dankbar bin ich meinen treuen Mitarbeitern — Herrn Knabenschuh und Herrn Holzmayer —, die mich bei der Durchführung der Versuche und der Anfertigung der Zeichnungen wesentlich unterstützt haben

München, März 1929.

E. Schumacher.

Inhaltsverzeichnis.

I. Allgemeines.

Die richtige Bemessung der Abgasleitung von Gasfeuerstätten ist aus dem Grunde nicht einfach, weil eine große Anzahl von Einflüssen verschiedenster Art zu berücksichtigen ist. Die wichtigsten Faktoren, welche die Abführung der Verbrennungsgase beeinflussen, sind etwa folgende:

Höhe des Kamins,
Länge der Abgasleitung,
Abgasmenge und Kaminweite,
Zusammensetzung der Verbrennungsgase,
Temperatur der Abgase und der Außenluft
Barometerstand,
Ausführung des Kamins, Material, Abkühlung der Abgase im Rohr,
    Reibungswiderstand, Einzelwiderstände, Form des Querschnitts,
Lage des Kamins im Hause,
Windverhältnisse und dgl. mehr.

Die Berücksichtigung aller dieser Veränderlichen erschwert die Rechnung, weshalb meistens gänzlich von einer genauen Bestimmung der Abgasleitung abgesehen wird. Man begnügt sich mit Faustregeln, die in Abhängigkeit vom Gasverbrauch die Weite der Abzugsrohre bzw. Kamine angeben. Nach der 5. umgearbeiteten Auflage der Anleitung zur Errichtung, Aufstellung und Handhabung von Gas-Heiz- und -Kochapparaten vom Jahre 1926 kommt folgende Zahlentafel 1 für die Weite der Abgasrohre in Frage:

Zahlentafel 1.

Stündlicher Gasverbrauch		Weite des Abzugsrohres				Abgasgeschw im Rohr	
		erforderlicher Querschnitt		gewählter Dmr	gewählter Querschn	entspr dem erforderl Querschn	entspr dem gewählten Dmr
m³	%	cm²	%	cm	%		
2	100	65	100	9,8	100	1,0	0,862
5	250	111	171	12,0	149,5	1,46	1,435
7	350	171	263	15,0	234	1,33	1,385
10	500	228	351	17,0	301	1,42	1,415
15	750	295	454	20,0	416	1,65	1,550

In den beiden letzten Spalten sind die Verhältniswerte für die Geschwindigkeiten im Abgasrohr angegeben, wobei die Abgasgeschwindigkeit bei einem Gasverbrauch von 2 m³/h und einem Querschnitt des Abzugsrohres von 65 cm² willkürlich gleich 1 gesetzt ist. — Auf die Angabe der tatsächlichen Geschwindigkeiten in m/s im Rohr ist hier verzichtet, da sie im Abschnitt X eingehend erörtert werden. Die gegenseitigen Beziehungen der verschiedenen Größen werden besser durch das Diagramm Abb. 1 veranschaulicht.

In Abhängigkeit vom Gasverbrauch sind der erforderliche Querschnitt, der Querschnitt nach dem gewählten Durchmesser und die Abgasgeschwindigkeiten, berechnet nach erforderlichem Querschnitt und nach gewähltem Durchmesser, in Verhältniswerten aufgetragen. Die Punkte für 250% Gasverbrauch fallen etwas aus der sonstigen Gesetzmäßigkeit der Kurven heraus. Die Querschnitte nehmen nicht im gleichen Maß wie der Gasverbrauch zu, wodurch eine Steigerung der Abgasgeschwindigkeiten bei größeren Rohrweiten bedingt ist.

Die nach vorstehender Zahlentafel 1 ausgeführten Abgasleitungen erfüllen in der Praxis oft ihren Zweck. Aber die Fälle sind nicht selten, in denen die Abführung der Abgase zu wünschen übrig läßt.

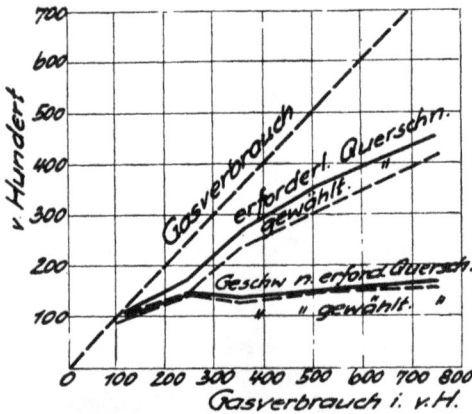

Nach Zahlentafel 3 „Gasfeuerstätten"

Abb 1 Querschnitte von Abgasrohren und Abgasgeschwindigkeiten in den Rohren in Abhängigkeit vom Gasverbrauch.

Eine genauere Bestimmung der Abgasleitung unter Berücksichtigung aller in Frage kommenden Verhältnisse liegt daher im Interesse des Gasfachs; denn die Beurteilung und der Verbrauch des Heizgases hängen im hohen Maße von der anstandslosen Abführung der Verbrennungsgase ab.

Es wird zweckmäßig sein, bevor auf die genaue rechnerische Ermittlung der einzelnen die Abgasführung bestimmenden Faktoren eingegangen wird, einige allgemeine Erörterungen grundsätzlicher Art über den Vorgang in der Abgasleitung vorauszuschicken. Es soll an einem Beispiel der Verlauf des ganzen Vorganges dargestellt werden: Aus einer Gasrohrleitung mit aufgesetztem Brenner entströme Heizgas von $H_0 = 4200$ WE/Nm³ Heizwert. Die Bewegung bzw. Ausströmung des Gases geschieht unter dem Einfluß der Druckdifferenz zwischen Gas und umgebender Luft. Um die brennbaren Bestandteile des Gases zu verbrennen, muß zu dem ausströmenden Gas Sauerstoff oder Luft geführt werden. Wenn die Luft nicht durch Ventilatoren oder dgl. zu dem Gas befördert wird, so muß das Gas selbst sich die Luft holen, d. h. das Gas muß Energie in irgendeiner Form zur Bewegung der Luft aufbringen; denn die Luft wird sich nicht ohne Veranlassung in Bewegung setzen. Die Energien, die das Gas zur Herbeischaffung der Verbrennungsluft verwerten kann, sind seine Strömungs- oder kinetische Energie und seine Wärmeenergie. Die Ausnutzung der Strömungsenergie des unverbrannten Gases zur Herbeischaffung der Verbrennungsluft geschieht sehr oft in Mischdüsen. Dieser Fall interessiert hier aber nicht, vielmehr soll der 2. Fall, bei dem also die Wärmeenergie des Gases zur Herbeischaffung der Luft benutzt wird, genauer untersucht werden. Es werde zunächst angenommen, daß die Gasmenge von 1 Nm³ mit 4,58 Nm³ Luft gemischt und entzündet werde. Es entsteht bei der Verbrennung aus der chemisch gebundenen Wärmeenergie des Gases eine fühlbare Wärmemenge von 4200 WE, die in den Verbrennungsgasen enthalten ist und sich durch die hohe Temperatur derselben äußert. Die Verbrennungsprodukte sind Kohlensäure und Wasserdampf, die mit Stickstoff und überschüssiger Luft vermischt sind. Dieses Gemisch von 4,16 Nm^3 setzt sich aus etwa 0,416 Nm^3 Kohlensäure, 2,784 Nm^3 Stickstoff, 0,96 Nm^3 Luft und 700 g Wasserdampf zusammen. Die Temperatur des Gemisches beträgt etwa 1850° C, wenn vorerst von Wärmeabstrahlung abgesehen wird. Durch die Wärmeentwicklung bei der Verbrennung haben sich die Volumina verändert. Vor der Verbrennung waren 1 Nm^3 Gas und 4,58 Nm^3 Luft, also insgesamt 5,58 Nm^3 vorhanden. Nach der Verbrennung wären 4,16 Nm^3 Verbrennungsgase und 700 g Wasser vorhanden, wenn man sich die Verbrennungsgase auf 0° C abgekühlt denkt. Im erhitzten Zustand bei 1850° C haben die Verbrennungsgase aber tatsächlich ein Volumen von etwa 39 m^3, es ist daher eine Volumenvergrößerung von $39 — 5,58 = 33,42\ m^3 = 600\%$ eingetreten. Da bei der Volumenvergrößerung die umgebende Luft von etwa 1 at Druck verdrängt werden mußte, ist eine erhebliche Verdrängungsarbeit auf Kosten der Wärme des Gases geleistet, die im Wärmemaß etwa 80 WE beträgt. Wenn das Gas diese Verdrängungsarbeit nicht hätte leisten brauchen, würde die erreichte Verbrennungstemperatur um 40 bis 50° C höher liegen.

In der Verbrennungsgasmenge von 39 m^3 (bei 1850° C) ist das Gewicht von 1 Nm^3 Heizgas etwa 0,65 kg und von den 4,58 Nm^3 Luft etwa 5,93 kg, also ein Gesamtgewicht von $0,65 + 5,93 = 6,58$ kg enthalten. 1 m^3 heißes Verbrennungsgas wiegt daher rd. 0,17 kg, 1 m^3 der umgebenden Luft aber 1,293 kg. Infolge dieser Gewichtsdifferenz muß das leichtere Verbrennungsgas in der schwereren Luft nach aufwärts steigen. Beim Aufwärtssteigen des Verbrennungsgases füllt sich der Raum, den das Verbrennungsgas verlassen hat, mit Luft. Werden durch den Verbrennungsvorgang dauernd leichtere Gase gebildet, die aufwärts steigen, so muß auch die Luft kontinuierlich nachströmen. Durch die Bildung von Gasen bei dem Verbrennungsvorgang, die spezifisch leichter als die umgebende Luft sind, wird daher aus Wärme mechanische Energie gewonnen, die die umgebende Luft zum Brenner führt. Diese Energie wird Auftriebsenergie genannt. Die fühlbare Wärme der Verbrennungsgase wird größtenteils in Geräten direkt oder durch Wandungen an das zu erwärmende Wasser oder dgl. übertragen, der noch übrig bleibende Rest an fühlbarer Wärme in den Abgasen, die infolge der Temperaturverringerung ein kleineres Volumen und ein größeres Raumgewicht als anfangs angenommen haben, muß aber so groß sein, daß die Abgase leichter als die umgebende Luft bleiben, anderenfalls steigen sie nicht nach oben.

Ist der Brenner nicht umbaut, hat man es also mit einer offenen Gasflamme zu tun, so findet die umgebende Verbrennungsluft auf dem Wege zur Gasflamme kaum einen Widerstand. Die Auftriebsenergie wird vollständig in Bewegungsenergie der Luft umgesetzt, d. h. der Auftrieb ist gleich dem sog. Geschwindigkeits- oder dynamischen Druck. Sobald aber die offene Gasflamme in ein Gehäuse z. B. Glaszylinder oder Verbrennungsraum eingebaut wird, finden die zuströmende Verbrennungsluft und die abströmenden Verbrennungsgase Widerstände vor, die den Strömungsvorgang beeinflussen. Der Auftrieb kann sich nicht restlos in Geschwindigkeitshöhe umsetzen, sondern muß jetzt die Luft und die Abgase durch Widerstände hindurchbringen, wodurch ein Teil des Auftriebs aufgezehrt wird. Die Strömung wird durch die Widerstände verlangsamt und die dem Brenner zuströmende Luftmenge verringert. Die Widerstände verursachen Druckdifferenzen zwischen der strömenden Luft bzw. den strömenden Verbrennungsgasen und der umgebenden ruhenden Luft. Diese mit einem geeigneten Manometer meßbaren Drücke können Über- und Unterdrücke sein. Im Gegensatz zu dem dynamischen Druck werden die manometrischen Drücke statische Drücke genannt. Man kann den Satz, daß Widerstände Druckdifferenzen beim Strömungsvorgang hervorrufen, auch umkehren und sagen: wo statische Drücke — Über- oder Unterdrücke gegenüber dem Atmosphärendruck — festgestellt werden können, sind auch Widerstände vorhanden. Sind die Widerstände Null, so ist auch der stat. Druck gleich Null, und umgekehrt. Die klare Erkenntnis dieser Wechselbeziehung zwischen Widerstand und statischem Druck ist für denjenigen, der sich mit der Untersuchung von Auftriebs- und Abgasabführungsproblemen befaßt, von fundamentaler Bedeutung.

Bei einer offenen Gasflamme oder einem offenen Holzfeuer sind statische Drücke kaum meßbar, weil die Widerstände verschwindend klein sind, der ganze Auftrieb kann sich in Geschwindigkeitshöhe umsetzen. Sobald aber die Gasflamme oder das Holzfeuer von einem Verbrennungsraum umgeben werden, sind Widerstände für die Verbrennungsluft- und Abgasströmung unvermeidlich und manometrische Druckdifferenzen oder statische Drücke daher nachweisbar. Je höher die Widerstände, desto höhere statische Drücke! Sind die Widerstände so groß, daß eine Strömung nicht mehr stattfinden kann — z. B. der Kamin ist oben oder unten abgedeckt — so setzt sich der Auftrieb in Über- oder Unterdruck um, der unmittelbar am Widerstand seinen maximalen, dem vollen Auftrieb entsprechenden Wert erreicht.

Zur Beurteilung der Güte eines Kamins oder einer Abgasleitung mißt man meistens den Unterdruck am Kaminanfang mit einem wassergefüllten U-Rohr und nennt die festgestellte Differenz der beiden Wassersäulen die Zugstärke. Aus dem Vorstehenden geht hervor, daß der manometrische Druck bei einem gegebenen konstanten Auftrieb nur von den Widerständen abhängt; man mißt also die Größe und Veränderung des Widerstandes und gewinnt daraus ein Urteil über die Menge der in der Zeiteinheit strömenden Luft bzw. des Abgases. Diese ist klein, wenn der Unterdruck groß ist. Ist umgekehrt der Widerstand baulich der gleiche, so zeigt das U-Rohr die Veränderung der Größe des Auftriebs an. Wenn also eines von beiden unverändert bleibt, so läßt sich aus den Messungen mit dem U-Rohr ein Urteil über den Zustand der anderen Größe gewinnen. Zur Erläuterung sei ein Beispiel angeführt: Ein kohlenbeheizter Ofen sei an einen Kamin angeschlossen und schon längere Zeit in Betrieb, so daß auch der Kamin warm ist. Am Eintritt der Abgase in den Kamin sei ein Manometer angebracht. Ist die Brennstoffschicht auf dem Rost im Ofen in voller Glut und die Höhe der Brennstoffschicht gering, so ist der meßbare Unterdruck im Kamin oder die Zugstärke klein. Wird der Ofen jetzt mit Brennstoff ganz angefüllt, so ist der gemessene Unterdruck groß, der Kamin »zieht« scheinbar besser. Da der Auftrieb wegen der großen Wärmekapazität des Kamins durchweg gleich bleibt, mißt man also mit dem Manometer den veränderlichen Widerstand der Brennstoffschicht. Sind die Widerstände baulich unveränderlich, wie z. B. in der Abgasleitung einer Gasfeuerstätte, so sind die gemessenen statischen Drücke ein Maß für die Wirksamkeit des Auftriebs. Bei Druckmessungen an Kaminen oder Abgasleitungen muß man daher überlegen, wo man das Meßinstrument anbringt und was man aus dem Meßwert erkennen kann. Um zu erfahren, wie groß die Auftriebsenergie eines Kamins ist, werden die Abgastemperaturen am Abgasein- und -austritt, ferner die Außentemperatur und die Kaminhöhe festgestellt und der Auftrieb dann errechnet. Die Leistung einer Abgasleitung ist die in der Zeiteinheit infolge des Auftriebs fortbewegte Abgasmenge. Sie wird entweder aus dem Brennstoffverbrauch, der bekannten Brennstoffzusammensetzung und dem CO_2-Gehalt der Abgase rechnerisch ermittelt oder durch Messung der Strömungsgeschwindigkeit der Luft oder des Abgases in einem bekannten Querschnitt bestimmt.

Verwirrend wirkt bei der Erörterung der Vorgänge in Abgasleitungen der populär-technische Ausdruck »Zug«, da fast jeder einen anderen Begriff damit verbindet und das Wort »Zug« in der Technik noch nicht definiert ist. Es wurde des Interesses halber einer größeren Anzahl von Ingenieuren die Frage vorgelegt: Was verstehen Sie unter Zug bei Feuerstätten? Die Antworten waren sehr verschieden: der eine hält Zug für eine Saugwirkung, die durch aufsteigende leichte Gase erzeugt wird, ein anderer hält Zug für einen Druckunterschied zwischen zwei Stellen, ein anderer für eine Kraft, die zur Überwindung von Widerständen bei Strömungsvorgängen nötig ist, wieder ein anderer für die Bewegung eines Gases usw. Der Ausdruck »Zug« ist deshalb bei allen Erörterungen in dieser Abhandlung möglichst vermieden. Klar ist der Begriff Auftrieb als das Produkt von Höhe der Gassäule und Differenz der Raum-Gewichte zweier Gase; Auftrieb ist die Energiequelle für den Strömungsvorgang und in seiner Größe rechnerisch oder aus dem Versuch bei ruhender Gassäule eindeutig bestimmbar. Klar sind ferner die Begriffe Widerstand und statischer Druck in der Abgasleitung. Zug und Auftrieb sind nicht dasselbe, sondern Zug ist — als statischer Druck aufgefaßt — eine vom Auftrieb, von den Widerständen und von der Lage der Meßstelle durchaus abhängige, daher veränderliche Größe. Auftrieb ist die unsichtbare Energiequelle, Zug eine in Druckdifferenzen sich äußernde, von Widerständen hervorgerufene Wirkung des Auftriebes. Widerstände sind ihrerseits wieder abhängig von der Gasgeschwindigkeit. Der Auftrieb wird von den Widerständen und der kinetischen Energie vollständig aufgezehrt, es besteht immer Gleichheit zwischen dem ersten und den beiden anderen Energiebeträgen.

Alle Feuerungen, die nicht mit Gebläsen arbeiten und deren Brennstoff nicht den nötigen Sauerstoff in sich haben, bedürfen zur Zuführung der Verbrennungsluft und Abführung der Abgase des Auftriebes. Die Gasfeuerstätten nehmen in dieser Hinsicht keine Sonderstellung gegenüber anderen Feuerungen ein, obwohl oft gegenteilige Ansichten zu hören sind. Auch die Darstellung in dem bereits erwähnten Heft »Gasfeuerstätten« läßt leicht eine irrige Anschauung über die Abzugsverhältnisse von Gasfeuerungen aufkommen. Es ist dortselbst unter dem Abschnitt B »Vorgänge in der Abgasleitung« zu lesen: »Ein großer Vorzug der Gasfeuerung besteht darin, daß der gasförmige Brennstoff dem Zutritt und dem Durchgang der Luft keinen Widerstand bietet, das Gasfeuer also als solches für eine vollkommene Verbrennung eines künstlichen Zuges nicht bedarf. Eine besondere Ansaugung der Verbrennungsluft durch den Schornstein ist daher nicht erforderlich . . . . . Die Wirkung der Gasfeuerung ist sogar die beste, wenn die Gasflammen ganz frei ohne Einwirkung künstlichen Zuges brennen . . .« Ein Unterschied zwischen Gasfeuerstätten und Feuerungen mit festen Brennstoffen besteht nur hinsichtlich der Größe der Widerstände, die Vorgänge sind sonst die gleichen. Wenn auch die Durchmischung von Verbrennungsluft und Heizgas an und für sich ohne große Widerstände vonstatten geht — sie können vernachlässigt werden — so bieten aber die Apparate, in denen die Durchmischung bzw. Verbrennung stattfindet, dem Durchgang der Luft bzw. der Verbrennungsgase einen Widerstand, der — verglichen mit den geringen in Frage kommenden Auftrieben in den Geräten — eine ganz bedeutende Rolle spielt. Ein gasbeheizter Warmwasserbereiter hat z. B. einen Eintrittswiderstand für die Luft, einen Brennerwiderstand beim Durchsetzen der Luft durch den Brenner, einen Reibungswiderstand der Verbrennungsgase an den Seitenwänden der Verbrennungskammer, einen Widerstand, der durch den Lamellenkörper hervorgerufen wird, einen Widerstand beim Eintritt der Verbrennungsgase aus der Abgashaube in das Abzugrohr usw. In den Abgasleitungen der Gasfeuerstätten sind ebenfalls Widerstände vorhanden. Es kommt nur darauf an, daß die Widerstände bei einem gewissen Auftrieb nicht so groß sind, daß dadurch die Leistung des Kamins unter die geringste noch zulässige sinkt. Die Widerstände sind bei Gasfeuerstätten nur klein, deshalb braucht der Auftrieb nicht groß zu sein und die Abgase können daher mit geringerer Temperatur in den Kamin abgeführt werden als bei kohlenbeheizten Öfen. Dementsprechend sind auch die bei Gasfeuerstätten auftretenden meßbaren Unterdrücke — »Zugstärken« — sehr klein. Anders bei Feuerungen mit festen Brennstoffen. Außer den bei Gasgeräten auftretenden Widerständen — mit Ausschluß des Widerstandes des Lamellensystems — ist bei diesen noch der Widerstand der Brennstoffschicht vorhanden, der je nach Schichthöhe und Brennmaterial veränderlich ist und meistens alle übrigen Widerstände an Größe derartig überragt, daß diese dagegen vernachlässigt werden. Um in der Zeiteinheit genügend Brennstoff verbrennen zu können, muß trotz des hohen Widerstandes eine beträchtliche Luftmenge durch die Brennstoffschicht geführt werden, wozu ein entsprechend hoher Auftrieb notwendig ist. Ein großer Auftrieb läßt sich nur durch hohe Kamine und hohe Abgastemperaturen erreichen. Entsprechend dem hohen Auftrieb und dem großen Widerstande des Brennstoffbettes ergeben sich auch große Unterdrücke, große »Zugstärken«. Betragen die Unterdrücke über der Brennstoffschicht bei großen Kohlenfeuerungen 20 bis 30 mm W.-S. und mehr, so ist also ihr Widerstand entsprechend groß; bei Gasfeuerungen braucht der Auftrieb wegen geringerer Widerstände nur klein zu sein; er muß aber vorhanden sein, denn sonst werden die Abgase nicht abgeführt. Die sich ergebenden Unterdrücke sind nur wenige mm W.-S. oder gar nur Bruchteile eines mm W.-S.

Der Strömungsvorgang in Abgasrohren wird durch äußere Einwirkungen z. B. Windstöße beeinflußt. Diese störenden Einflüsse werden bei Feuerstätten mit festen Brennstoffen meistens in Kauf genommen, man findet sich damit ab, und kann das, weil die Abgasströmung wegen des großen Auftriebes ziemlich stabil ist, die Störungen daher schon eine beträchtliche Intensität erreichen müssen und deswegen seltener auftreten. Sind trotzdem solche vorhanden, so erlöscht wegen des großen Wärmevorrats der glühenden Brennstoffmasse das Feuer nicht sofort, sondern erholt sich nach der Störung wieder. Bei der Abführung der Abgase von Gasfeuerstätten ist infolge der großen Wärmeausnutzung, der geringen Abgastemperatur und des dadurch bedingten kleineren Auftriebs die Strömung mehr labil, auch kleinere Störungen im Kamin würden den Strömungsvorgang und damit die Verbrennung beeinflussen. Es werden deshalb bei Gasfeuerstätten zwischen Gasgerät und Abgasleitung Vorrichtungen, sog. Zugunterbrecher eingebaut, die den Strömungsvorgang im Gerät von dem in der Abgasleitung unabhängig machen.

In den folgenden Abschnitten werden alle die Momente, welche den Strömungsvorgang hervorrufen oder beeinflussen, einer Untersuchung unterzogen. Es ist dabei von der Erwägung ausgegangen, daß die Ausführungen durch die graphische Darstellung der gewonnenen Ergebnisse an Klarheit und Anschaulichkeit nur gewinnen können. Auch sind zur besseren Erläuterung des Begriffes »Auftrieb« die Kraft- und Energieverhältnisse bei Gasen im Wasser mit aufgenommen. Das ganze Problem ist vom strömungstechnischen und energetischen Standpunkt aus betrachtet und dementsprechend behandelt.

II. Strömung von Gasen durch Rohrleitungen.

In einem Rohrstück von nebenstehender Form, dessen Austrittsstelle *2* um h m höher liegt als die Eintrittsstelle *1*, befinde sich Gas in Strömung. Es sollen die Beziehungen, die zwischen den verschiedenen Größen bei diesem Strömungsvorgang bestehen, dargelegt werden.

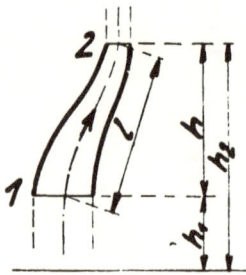

Abb. 2.

Es ist vorauszuschicken, daß nur eine zeitlich nicht veränderliche, also stationäre Strömung in Betracht gezogen werden soll, ferner daß es sich um den praktischen Fall der Turbulenzströmung oder Wirbelbewegung handelt. Bei dieser ist die im Rohr herrschende Gasgeschwindigkeit w m/s größer als die kritische Geschwindigkeit w_k. Die kritische Geschwindigkeit ist die Grenze zwischen der Stromlinienbewegung (parallele Strömung) $w < w_k$ und der Turbulenzströmung $w > w_k$. Die kritische Geschwindigkeit ist gegeben durch die Gleichung:

$$w_k = \frac{\eta \cdot R}{\frac{\gamma}{g} \cdot D} \text{ m/sec,}$$

in der bedeutet:

η = Zähigkeit,
R = eine Konstante, die von der Rauhigkeit der Rohrwand abhängt,
γ = Raumgewicht des Gases in kg/m³,
g = 9,81 m/s²,
D = Rohrdurchmesser in m.

In den Temperaturgrenzen zwischen t = 30 und 200° C beträgt nach den Untersuchungen von Brabbée die Zähigkeit η

für Luft	etwa $(175 + 0{,}38 \cdot t) \cdot 10^{-8}$	$\dfrac{\text{kg} \cdot \text{sec}}{\text{m}^2}$
» Kohlensäure (gasförmig)	» $(140 + 0{,}47 \cdot t) \cdot 10^{-8}$	»
» Wasserdampf	» $(90 + 0{,}14 \cdot t) \cdot 10^{-8}$	»

Der Zahlenwert von R liegt zwischen 1450 und 3000.

Für eine mittlere Zähigkeit von $200 \cdot 10^{-8}$ und ein Raumgewicht von 0,95 kg/m³ liegt daher bei einem Rohrdurchmesser von 0,12 m die kritische Geschwindigkeit zwischen 0,25 und 0,5 m/s.

Während bei der Laminarströmung die Widerstände im Rohr proportional w wachsen, steigen sie bei Turbulenzströmung annähernd proportional w^2.

Bei der Beurteilung der Strömungsverhältnisse im Rohr ist zu beachten, daß nach dem ersten Wärmehauptsatz die Gesamtenergie des Gases an allen Querschnitten des Rohres konstant sein muß, wenn Energie nach außen nicht abgegeben oder von außen zugeführt wird, oder daß die Summe aller Änderungen der beteiligten Einzelenergien zwischen zwei Querschnitten notwendig gleich Null ist.

Die Gesamtenergie des Gases an der Stelle *1* setzt sich aus folgenden Einzelenergiebeträgen zusammen (die Werte gelten für 1 kg Gas).

a) Bewegungsenergie $= \dfrac{m\,w_1^2}{2}$ bzw. da die Masse $m = \dfrac{G}{g} = \dfrac{1}{g}$ ist,

$$= \frac{w_1^2}{2\,g}\,\text{mkg} = A \cdot \frac{w_1^2}{2\,g}\,\text{WE, wenn } A = \frac{1}{427}\ \text{das}$$

Arbeitsäquivalent ist.

b) Innere Energie $= u_1$ WE,

c) Druckenergie $= P_1\,v_1$ mkg (P_1 = abs. Druck in kg/m²)

$\qquad\qquad\qquad\qquad\qquad$ (v_1 = das Vol. von 1 kg Gas),

d) Lagenenergie $= 1 \cdot h_1 = h_1$ mkg.

Für die Stelle *2* gelten die gleichen Werte mit dem Index 2. Die Energieänderungen beim Strömen von *1* nach *2* betragen:

e) Änderung der Bewegungs- oder kinetischen Energie

$$= \frac{w_2^2 - w_1^2}{2\,g}\,\text{mkg oder } A\,\frac{w_2^2 - w_1^2}{2\,g}\,\text{WE,}$$

f) Änderung der inneren Energie

$$= (u_2 - u_1)\,\text{WE,}$$

g) Änderung der Druckenergie = Verdrängungsarbeit

$$= (P_2 v_2 - P_1 v_1)\,\text{mkg} = A\,(P_2 v_2 - P_1 v_1)\,\text{WE,}$$

h) Änderung der Energie der Lage

$$= (h_2 - h_1)\,\text{mkg} = A\,(h_2 - h_1)\,\text{WE.}$$

Es besteht daher die Gleichung:

$$A \cdot \frac{w_2^2 - w_1^2}{2\,g} + (u_2 - u_1) + A\,(P_2 \cdot v_2 - P_1 \cdot v_1) + A\,(h_2 - h_1) = 0\ \text{WE.}$$

Nun ist der Wärmeinhalt i des Gases an der Stelle *2* $i_2 = (u_2 + A\,P_2 v_2)$ WE und an der Stelle *1* $i_1 = (u_1 + A\,P_1 v_1)$ WE, die vorstehende Gleichung läßt sich daher auch in der Form schreiben:

$$A\,\frac{w_2^2 - w_1^2}{2\,g} + (i_2 - i_1) + A\,(h_2 - h_1) = 0\ \text{WE.}$$

Auf dem Wege von Stelle *1* nach *2* hat das Gas außerdem Rohrreibungsarbeit zu leisten. Die geleistete Rohrreibungsarbeit R_k mkg äußert sich dadurch, daß sich infolge Umsetzung dieser Arbeit in Wärme die Temperatur des Gases von Stelle *1* nach *2* erhöht. Der Vorgang ist vergleichbar mit einer Wärmezufuhr von außen. Diese der Reibung entsprechende Wärmeänderung des Gases $A \cdot R_k$ WE plus der geleisteten Verdrängungsarbeit, die allgemein $\int_1^2 v \cdot dP$ mkg bzw. im Wärmemaß $A \int_1^2 v \cdot dP$ WE beträgt, ist gleich der Änderung des Wärmeinhalts, also: $(i_2 - i_1) = A \cdot R_k + A \int_1^2 v \cdot dP$ WE

Setzt man diesen Wert für $(i_2 - i_1)$ in die obere Gleichung ein, so geht diese über in:

$$\frac{w_2^2 - w_1^2}{2g} + R_k + \int_1^2 v \cdot d P + (h_2 - h_1) = 0 \text{ mkg}.$$

Für den Fall, daß dem Gas auf dem Wege von *1* nach *2* eine Wärmemenge Q WE entzogen oder von außen zugeführt wird, lautet die erste Gleichung.

$$A \cdot \frac{w_2'^2 - w_1^2}{2g} + (u_2' - u_1) + A (P_2' \cdot v_2' - P_1 \cdot v_1) + A (h_2 - h_1) = + Q \text{ WE}$$

$(-Q$, wenn Wärme entzogen; $+Q$, wenn Wärme zugeführt wird).

Da wieder

$$(u_2' + A P_2' v_2') = i_2'$$

und

$$(u_1 + A P_1 v_1) = i_1 \text{ WE}$$

so ist auch

$$A \cdot \frac{w_2'^2 - w_1^2}{2g} + (i_2' - i_1) + A (h_2 - h_1) = \mp Q \text{ WE}.$$

Da in diesem Fall die Änderung des Gesamtwärmeinhalts

$$(i_2' - i_1) = + Q + A R_k + A \cdot \int_1^2 v \cdot d P \text{ WE}$$

beträgt, so heißt auch hier die Hauptströmungsgleichung:

$$\frac{w_2'^2 - w_1^2}{2g} + R_k + \int_1^2 v \cdot d P + (h_2 - h_1) = 0 \text{ mkg}.$$

Der Arbeitswert $\left\{ \int_1^2 v \cdot d P + (h_2 - h_1) \right\}$ stellt die Änderung der poten-

tiellen Energie dar. Ist w_2 größer als w_1 m/s und $(h_2 - h_1) = 0$ (Rohr liegt horizontal), so kommt als einzige Energiequelle für die Vergrößerung der kinetischen Energie von

$$\frac{w_1^2}{2g} \quad \text{auf} \quad \frac{w_2^2}{2g} \quad \text{mkg}$$

und für die Leistung der Reibungsarbeit der Betrag $\int_1^2 v \cdot d P$ mkg in Frage.

Liegt Stelle *2* über Stelle *1*, so muß aus $\int_1^2 v \cdot d P$ auch noch die Hubarbeit $1 \cdot (h_2 - h_1)$ mkg gedeckt werden. Liegt Stelle *2* aber tiefer als *1*, so wird durch das Absinken des Gases Energie frei, die mit dem Betrag $\int_1^2 v \cdot d P$ zur Verfügung steht.

Es sind also folgende drei Fälle zu unterscheiden (abgesehen von anderen Fällen z. B. $w_2 = w_1$; $w_2 < w_1$; $w_1 = 0$):

1. $\int_2^1 v \cdot d P = \frac{w_2^2 - w_1^2}{2g} + R_k$ $\qquad\qquad (h_2 - h_1 = 0)$

2. $\int\limits_2^1 v \cdot dP = \dfrac{w_2{}^2 - w_1{}^2}{2g} + R_k + (h_2 - h_1)$ $\qquad (h_2 > h_1)$

3. $\int\limits_2^1 v \cdot dP + (h_1 - h_2) = \dfrac{w_2{}^2 - w_1{}^2}{2g} + R_k$ $\qquad (h_2 < h_1).$

Die Beziehungen der verschiedenen Größen untereinander kommen im untenstehenden Diagramm Abb. 3 klar zum Ausdruck.

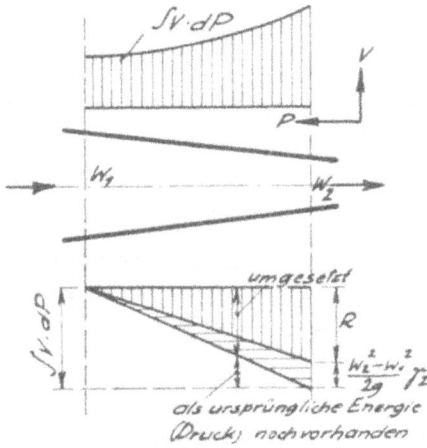

$$\int V \cdot dP = \frac{w_2{}^2 - w_1{}^2}{2g} \gamma + R$$

Abb. 3. Fall 1.

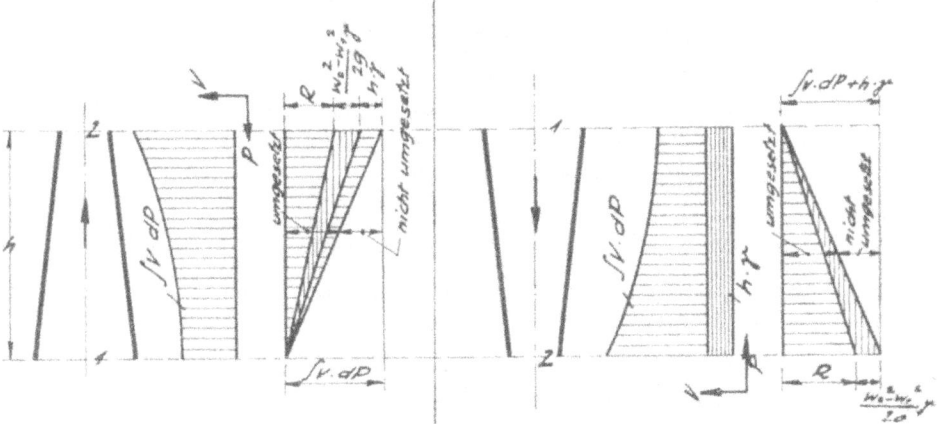

$$\int V \cdot dP = \frac{w_2{}^2 - w_1{}^2}{2g} \gamma + R + h \cdot \gamma$$

Fall 2.

$$\int V \cdot dP + h \cdot \gamma = \frac{w_2{}^2 - w_1{}^2}{2g} \gamma + R$$

Fall 3.

Abb. 3.

Das Integral $\int\limits_2^1 v \cdot dP$ läßt sich nur dann auswerten, wenn $v = f(P)$ bekannt ist. Bei isothermer Änderung ist $P \cdot v = \text{konst.}$; bei adiabatischer

$P \cdot v^{\varkappa} =$ konst.; bei polytropischer $P \cdot v^{n} =$ konst. Hierdurch liegt die Funktion fest, sobald feststeht, wie die Zustandsänderung vor sich geht.

Bei isothermischem Verlauf ist der Arbeitsaufwand L für die Zustandsänderung von *1* nach *2* bzw. der Arbeitsgewinn L bei der Änderung von *1* nach *2* für 1 kg Gas:

$$L = \int_{2}^{1} v \cdot d P = P_1 \cdot v_1 \cdot \ln \frac{p_1}{p_2} = R \cdot T \cdot \ln \frac{p_1}{p_2} \ \text{mkg}$$

(R ist die Gaskonstante).

Bei adiabatischer Änderung ist der Arbeitsbetrag:

$$L = \int_{2}^{1} v \cdot d P = \frac{P_1 v_1}{\varkappa - 1} \left\{ 1 - \left(\frac{p_2}{p_1} \right)^{\frac{\varkappa - 1}{\varkappa}} \right\} = \frac{P_1 v_1}{1 - \varkappa} \left\{ 1 - \left(\frac{v_1}{v_2} \right)^{\varkappa - 1} \right\} \text{mkg}.$$

Bei polytropischer Änderung ist n statt $\varkappa$ zu setzen.

Bei der praktischen Anwendung der Formeln auf die Berechnung des Druckabfalls in Rohrleitungen wird Q meist gleich Null gesetzt (Rohr ist isoliert) und $(h_2 - h_1)$ wegen seines geringen Betrages im Verhältnis zu den anderen Werten vernachlässigt. Die Energie zur evtl. Beschleunigung des Gases und zur Überwindung der Rohrreibung wird daher aus dem Wert $\int v \cdot d P$ genommen.

Bei dem zu behandelnden Sonderfall der Gasströmung infolge des Auftriebes spielt der Wert $(h_2 - h_1)$ eine entscheidende Rolle insofern, als dieser Arbeitsbetrag die einzige Energiequelle für den ganzen Strömungsvorgang ist — wie später noch gezeigt wird.

Die vorstehenden Gleichungen sind für 1 kg Gas aufgestellt. Strömen G kg Gas, so sind die Werte mit G zu multiplizieren; die Hauptgleichung lautet dann:

$$G \cdot \frac{w_2^2 - w_1^2}{2\,g} + G \cdot R_k + G \cdot \int_{1}^{2} v \cdot d P + G \cdot (h_2 - h_1) = 0 \ \text{mkg}.$$

Will man auf 1 m³ Gas übergehen, so ist zu beachten, daß 1 m³ Gas γ_g kg wiegt und $G = V \cdot \gamma_g$ kg ist. Ferner ist $v =$ das Volumen pro kg Gas, also $V = G \cdot v$ m³. Diese Werte setzt man ein:

$$V \cdot \gamma_g \frac{w_2^2 - w_1^2}{2\,g} + V \cdot \gamma_g \cdot R_k + \int_{1}^{2} V \cdot d P + V \gamma_g (h_2 - h_1) = 0 \ \text{mkg}$$

für V m³ Gas, oder für 1 m³ Gas, wenn zugleich $\gamma_g \cdot R_k = R_c =$ Reibungsarbeit pro m³ Gas gesetzt wird:

$$\frac{w_2^2 - w_1^2}{2\,g} \cdot \gamma_g + R_c + \int_{1}^{2} V \cdot d P + (h_2 - h_1) \cdot \gamma_g = 0 \ \text{mkg/m}^3 \ \text{Gas}.$$

III. Auftrieb fester und gasförmiger Körper in Flüssigkeiten.

Befindet sich ein zylindrisch geformter Körper, z. B. aus Holz oder Kork unter Wasser in einer Lage, daß seine Achse vertikal steht, so drückt die Flüssigkeit nach nebenstehender Skizze auf die obere Kreisfläche mit der Kraft $K_1 = F \cdot h_1 \cdot \gamma_w$ kg und auf die untere Fläche mit der Kraft $K_2 = F \cdot h_2 \cdot \gamma_w$ kg. Die Druckkräfte auf den Zylindermantel heben sich als gleich und entgegengesetzt einander auf und treten als äußere Kräfte am Körper nicht in Erscheinung. Der Körper vom Gewicht G kg und Volumen V m³ steht lediglich noch unter dem Einfluß der Schwere.

Ist der Körper in Ruhe, so muß sein,

$$G = F h_2 \cdot \gamma_w - F \cdot h_1 \cdot \gamma_w = F \cdot h \cdot \gamma_w = V \cdot \gamma_w \text{ kg}.$$

Das Gewicht des Körpers müßte demnach so groß wie das Gewicht $V \cdot \gamma_w$ der verdrängten Flüssigkeit sein. Dieses ließe sich durch Einschließen von Bleikugeln im Korkstück leicht erreichen. Ist das Gewicht des Körpers aber kleiner als das des verdrängten Wassers, so ist eine Überschußkraft A kg vorhanden von der Größe

$$A = V \cdot \gamma_w - G = V \cdot \gamma_w - V \cdot \gamma_k = V \cdot (\gamma_w - \gamma_k) \text{ kg},$$

γ_k kg/m³ bezeichnet das spez. Gewicht des Körpers. Unter dem Einfluß dieser Kraft steigt der Körper nach oben. Für die Berechnung der hierbei erreichten Geschwindigkeiten sind die Gesetze der Dynamik anzuwenden.

Die Größe der Überschußkraft A hängt allein vom Körpervolumen und der Differenz der spezifischen Gewichte ab; sie ist also unabhängig von der Eintauchtiefe. Da die Kraft vertikal nach oben wirkt, heißt sie Auftriebskraft.

Ist der Körper im Wasser um eine Strecke a m gestiegen, so hat er dabei eine Arbeit L

$$L = a \cdot A = a \cdot V (\gamma_w - \gamma_k) \text{ mkg}$$

geleistet. Dieser Arbeitsbetrag wird zum Heben und zur Beschleunigung des Körpers und zur Überwindung von Widerständen aufgebraucht.

Ein ganz ähnlicher Vorgang findet auch statt, wenn Gase sich unter Wasser befinden. Nur kommt hierbei als Schwierigkeit die Veränderung des Gasvolumens bei Druck oder Temperaturänderungen hinzu, die bei Wasser und festen Körpern wegen der Geringfügigkeit der Volumenänderung vernachlässigt werden können. Deswegen ist die Auftriebskraft bei festen Körpern im Wasser fast unabhängig von der Eintauchtiefe und praktisch konstant. Anders jedoch bei Gasen, die ihr Raumgewicht mit der Eintauchtiefe verändern.

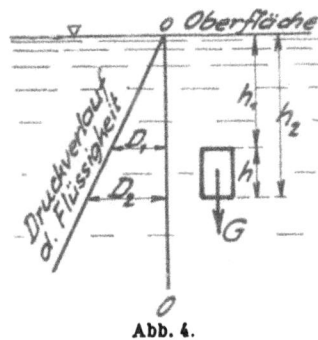

Bei den folgenden Betrachtungen soll zunächst von größeren Temperaturänderungen abgesehen werden; Gas und Wasser haben die gleichen Temperaturen. Die Wasseroberfläche sei unendlich groß. Ein außerhalb des Wassers befindliches Gasvolumen V_0 m³ mit dem Raumgewicht γ_g kg/m³ und dem Druck P_0 kg/m² werde bis auf h_2 m in das Wasser getaucht (vgl. Abb. 5). Es ist die Frage, wie groß ist die Auftriebskraft und welche Arbeit leistet das Gas beim Auftauchen von der Tiefe h_2 bis in die geringere Tiefe h_1 m.

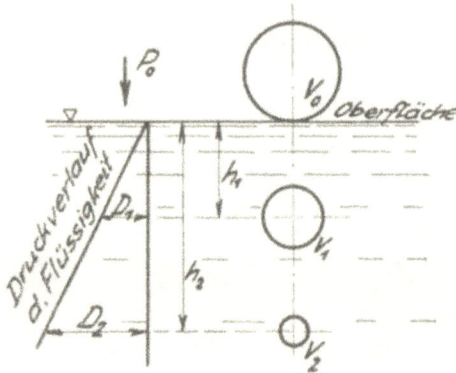

Abb. 5.

Wird isotherme Zustandsänderung zugrunde gelegt, so ist $P \cdot V = $ konst. Der Druck, unter dem das Gas in der Tiefe h_x m unter dem Wasserspiegel steht, ergibt sich zu $P_x = (P_0 + 1000\,h_x)$ kg/m², das Volumen V_x in dieser Tiefe zu

$$V_x = \frac{P_0 \cdot V_0}{P_0 + 1000\,h_x} \text{ m}^3$$

und das Raumgewicht zu

$$\gamma_{gx} = \gamma_{g_0} \frac{P_0 + 1000\,h_x}{P_0} \text{ kg/m}^3.$$

Die Auftriebskraft A_x in der Tiefe h_x m beträgt:

$$A_x = V_x \cdot (\gamma_w - \gamma_{gx}) = \frac{P_0 \cdot V_0}{P_0 + 1000\,h_x} \left(\gamma_w - \gamma_{g_0} \frac{P_0 + 1000\,h_x}{P_0} \right) \text{ kg.}$$

Unter der Annahme, daß $V_0 = 1$ m³, $P_0 = 10000$ kg/m², $\gamma_w = 1000$ kg/m³ und $\gamma_{g_0} = 1$ kg/m³ ist, ist der Auftrieb

$$A_x = \left(\frac{10000}{10 + h_x} - 1 \right) \text{ kg.}$$

Zahlentafel 2 zeigt einige Werte von V_x, A_x und γ_{gx} abhängig von h_x m.

Zahlentafel 2.

$h_x = $ m	$V_x = $ m³	$A_x = $ kg	$\gamma_{gx} = $ kg/m³
0	1,0	1000	1,0
1	10/11	908	1,1
2	10/12	832	1,2
3	10/13	768	1,3
10	1/2	499	2,0
20	1/3	332	3,0

Beim Auftauchen des Gases von einer Tiefe h_2 m bis in eine geringere Tiefe h_1 wird eine Arbeit L geleistet von der Größe:

$$dL = A_x \cdot dh \text{ mkg}$$

$$L_{21} = \int_{h_1}^{h_2} A_x \cdot dh.$$

Beim vorstehenden Beispiel ist

$$L_{21} = \int\limits_{h_1}^{h_2} \left(\frac{10000}{10 + h_x} - 1 \right) dh$$

$$L_{21} = 10000 \cdot \ln \frac{10 + h_2}{10 + h_1} - (h_2 - h_1) \text{ mkg/m}^3 \text{ Gas.}$$

Ist $h_2 = 10$ m und $h_1 = 1$ m, so errechnet sich die Auftriebsarbeit zu $L_{21} = 5969,3$ mkg.

Beim Auftauchen des Gasvolumens V_2 von h_2 m bis auf die kleinere Tiefe h_1 vergrößert sich dieses auf V_1 m³. Geht die Zustandsänderung nach der Isotherme ($P_0 \cdot V_0 = P_1 \cdot V_1 = P_2 \cdot V_2$), so beträgt die geleistete Verdrängungsarbeit L_v

$$L_v = P_1 V_1 \cdot \ln \frac{P_2}{P_1}$$

$$L_v = P_0 V_0 \cdot \ln \frac{P_0 + 1000 \, h_2}{P_0 + 1000 \, h_1} \text{ mkg.}$$

Für das angeführte Beispiel ist

$$L_v = 10000 \ln \frac{10 + h_2}{10 + h_1} \text{ mkg.}$$

Die Expansionsarbeit des Gases ist um den Betrag ($h_2 - h_1$) mkg größer als die Auftriebsarbeit.

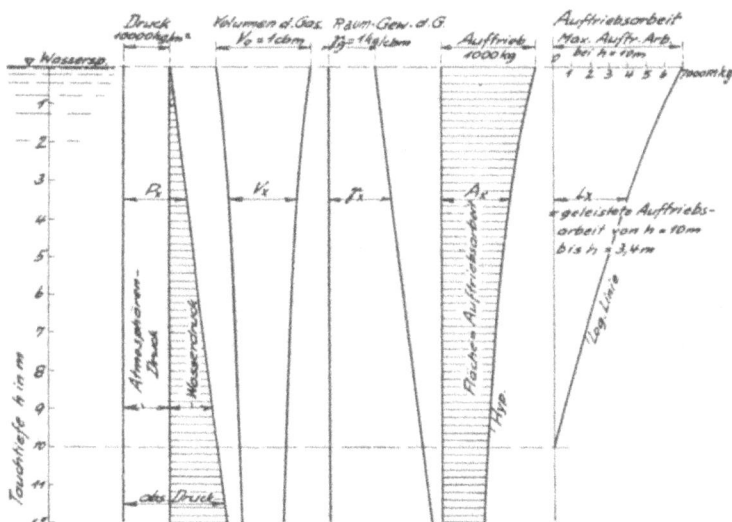

Abb. 6. Auftrieb von Gasen im Wasser.

Ist die Oberfläche F des Wassers begrenzt, so wird beim Auftauchen des Gases von h_2 auf h_1 ein gewisses Wasservolumen, das dem Differenzvolumen des Gases entspricht, über die ursprüngliche Wasseroberfläche gehoben. Unter der Annahme, daß der Wasserspiegel sich um a m gehoben habe, ist $a \cdot F =$ $V_2 - V_1$ m³ und die zusätzlich geleistete Arbeit L_z

$$L_z = a \cdot F \gamma_w \cdot a/2 = \frac{(V_2 - V_1)^2}{2F} \gamma_w \, \text{mkg}.$$

Die Arbeit L_z steigt umgekehrt proportional mit F. L_z wird aus der in diesem Fall vergrößerten Auftriebsarbeit gedeckt (Auftriebsweg ist um a m länger).

Die verschiedenen Beziehungen zwischen Druck, Volumen, Raumgewicht, Auftriebskraft, Auftriebsarbeit einerseits und der Tauchtiefe andererseits gehen aus dem umstehenden Diagramm, Abb. 6, hervor.

Es ist zu merken, daß die Auftriebskraft mit der Tauchtiefe nach einer Hyperbel abnimmt, der größte Auftrieb also unmittelbar unter der Wasseroberfläche ist und die Auftriebsarbeit nach einer logarithmischen Linie mit der Steighöhe zunimmt.

Die zu leistende Verdrängungsarbeit wird aus der Druckenergie $P \cdot V$ und gegebenenfalls (bei isothermer und polytroper Expansion) ganz oder teilweise aus der Wärme des Wassers gedeckt. Aus der Druckenergie des Gases läßt sich keine Auftriebsenergie gewinnen, so daß erstere als Energiequelle für das Fortbewegen des Gases hier nicht in Frage kommt.

IV. Auftrieb von Gasen, leichter als Luft, in Luft.

Ähnliche Verhältnisse, wie bei dem Auftrieb von Gasen im Wasser, liegen auch bei dem Auftrieb von Gasen, leichter als Luft, in Luft vor. Die Luft lastet auf der Erde wie das Wasser auf dem Boden eines Gefäßes. Der Luftdruck ist an der tiefsten Stelle am größten und nimmt mit der Höhe über dem Erdboden ab. Ist beispielsweise der Luftdruck an der tiefsten Stelle 760 mm Q.-S., so herrscht in 100 m Höhe darüber ein Druck von nur 751 mm Q.-S., in 200 m Höhe 742 mm Q.-S. 1 m Höhendifferenz macht also eine Druckabnahme von $\frac{9}{100} \cdot 13{,}59 = 1{,}24$ mm W.-S. aus. Die Austrittsöffnung eines 100 m hohen Schornsteines liegt demnach unter einem 12,4 mm W.-S. geringeren Druck als die Eintrittsöffnung der Gase.

Jedoch ist ein Unterschied zwischen dem im vorigen Abschnitt behandelten Fall des Auftriebs von Gasen im Wasser und dem vorliegenden Fall des Auftriebs von Gasen, leichter als Luft, in Luft. Das spez. Gewicht des Wassers ist wegen seiner Volumenbeständigkeit auch bei hohen Drücken in allen Tiefen konstant, das Raumgewicht der Gase nimmt mit der Eintauchtiefe zu, und der Auftrieb daher ab. Bei Gasen in Luft verändern beide Teile ihre Raumgewichte mit der Höhe, und zwar so, daß — mit gewissen Einschränkungen — die Differenz der beiden Raumgewichte und deshalb auch der Auftrieb in allen Höhen konstant sind. Als Beispiel dafür sei Wasserstoffgas in Luft angeführt. 1 m³ Luft von 0/760 wiegt $\gamma_l = 1{,}293$ kg, 1 m³ Wasserstoff $\gamma_g = 0{,}090$ kg. Die Auftriebskraft ist daher $A = V \cdot (1{,}293 - 0{,}090) = V \cdot 1{,}203$ kg bei V m³ Wasserstoff. In 100 m Höhe sind die Raumgewichte auf $\frac{751}{760} \gamma_l$ bzw. $\frac{751}{760} \gamma_g$ kg/m³ gesunken, das Volumen V aber infolge Verringerung des Luftdrucks auf $V_1 = V \cdot \frac{760}{751}$ m³ gestiegen, wenn isotherme Expansion angenommen wird. Der Auftrieb in 100 m Höhe ist daher:

$$A_1 = V_1 (\gamma_{l_1} - \gamma_{g_1}) = V \cdot \frac{760}{751} \left(\frac{751}{760} \gamma_l - \frac{751}{760} \gamma_g \right) = V \cdot (\gamma_l - \gamma_g) \ \text{kg}.$$

$$A_1 = A = \text{konstant}.$$

Bei adiabatischer oder polytroper Expansion des aufsteigenden Gases in der gleichtemperierten Luft verringert sich der Auftrieb mit der Höhe etwas, weil das Gas aus sich Wärme nimmt, wodurch das Volumen kleiner und das Raumgewicht daher größer wird als bei isothermer Expansion. Inwieweit sich die Expansionskurve der Adiabate nähert, hängt von dem Wärmeaustausch zwischen Luft und Gas, also von der Zeit ab. Bei sehr langsamem Steigen des Gases ist der Verlauf isotherm, bei schnellem Steigen polytrop bzw. adiabatisch.

Bezeichnet V_0 m³ das Volumen einer Gasmenge, P_0 kg/m² den abs. Druck und γ_{g_0} kg/m³ das Raumgewicht an der tiefsten Stelle, so ist in h m Höhe ein abs. Druck P_x von:

$$P_x = P_0 - \frac{9}{735{,}51 \cdot 100} \cdot h,$$

$$= P_0 - \frac{h}{8172{,}3} \text{ kg/m}^2.$$

Der Auftrieb an der Stelle 0 ist:

$$A_0 = V_0 \, (\gamma_{l_0} - \gamma_{g_0}) \text{ kg.}$$

Der Auftrieb A_x in h m Höhe bei vorausgegangener adiabatischer Expansion ist

$$A_x = V_x \, (\gamma_{l x} - \gamma_{g x}) \text{ kg}$$
$$= (V_x \cdot \gamma_{l x} - V_0 \cdot \gamma_{g_0}) \text{ kg.}$$

Da nun

$$V_x = V_0 \cdot \left(\frac{P_0}{P_x}\right)^{1/\varkappa} \quad \text{und} \quad \gamma_{l x} = \gamma_{l_0} \cdot \frac{P_x}{P_0}$$

ist, ergibt sich für A_x

$$A_x = \left\{ V_0 \cdot \left(\frac{P_0}{P_x}\right)^{1/\varkappa} \cdot \gamma_{l_0} \cdot \frac{P_x}{P_0} - V_0 \cdot \gamma_{g_0} \right\} \text{ kg,}$$

$$= V_0 \left\{ \left(1 - \frac{h}{P_0\, 8172{,}3}\right)^{\frac{\varkappa - 1}{\varkappa}} \cdot \gamma_{l_0} - \gamma_{g_0} \right\} \text{ kg.}$$

Der Unterschied gegen $A_x = V_0 \, (\gamma_{l_0} - \gamma_{g_0})$ kg bei isothermer Expansion ist jedoch bei den hier in Frage kommenden Höhen so gering, daß man praktisch keine Rücksicht darauf zu nehmen braucht.

Die beim Aufsteigen des Gases geleistete Expansionsarbeit wird aus dem Gas selbst bzw. aus der umgebenden Luft genommen. Für die Bewegung des Gases infolge des Auftriebes kommt dieser Arbeitsbetrag als Energiezu- und -abnahme nicht in Betracht, als Energiequelle hierfür steht allein die Auftriebskraft $A = V \, (\gamma_l - \gamma_g)$ kg zur Verfügung.

In der Hauptgleichung für die Strömung:

$$\frac{w_2{}^2 - w_1{}^2}{2\,g} \, \gamma_g + R_c + \int_1^2 V \cdot dP + (h_2 - h_1)\, \gamma_g = 0 \text{ mkg/m}^3 \text{ Gas}$$

wird der Betrag $\int_1^2 V \cdot dP$ für die Verdrängungsarbeit aufgezehrt und scheidet als für die Bewegungserzeugung wertlos aus der Betrachtung aus. In dem Ausdruck $(h_2 - h_1)\, \gamma_g$ ist statt γ_g das Differenzgewicht von Luft und Gas zu setzen und, da infolge des geringeren Gewichtes des Gases die Kräfte die entgegengesetzte Richtung einnehmen — $(h_2 - h_1)\, \gamma_g$ wirkt nach unten; $(h_2 - h_1)\, (\gamma_l - \gamma_g)$ nach oben — der Betrag $(h_2 - h_1)\, (\gamma_l - \gamma_g)$ mit negativem Vorzeichen in die Gleichung einzusetzen.

Die Reibungsarbeit R_c mkg/m³ Gas, die das Gas auf dem Wege l m von Stelle 1 nach Stelle 2 leistet, wird gewöhnlich in der Form geschrieben $R_c = l \cdot R$ mkg, wobei also R die Reibungsarbeit pro m³ Gas und pro 1 m laufende Rohrlänge ist.

Die Hauptgleichung für die Gasströmung infolge des Auftriebes lautet daher, wenn noch für $(h_2 - h_1) = h$ gesetzt wird:

$$h\,(\gamma_l - \gamma_g) = \frac{w_2{}^2 - w_1{}^2}{2\,g} \cdot \gamma_g + R \cdot l \;\text{mkg/m}^3 \text{ Gas.}$$

Das durch $h\,(\gamma_l - \gamma_g)$ gegebene Arbeitsvermögen des Systems wird benutzt zur Änderung der lebendigen Kraft und zur Leistung der Reibungsarbeit.

Die vorstehende Gleichung kann als Arbeits-, Leistungs- und Druckgleichung aufgefaßt werden, je nachdem diese Gleichung mit V m^3 oder $V/t = $ m^3/s multipliziert wird.

Um die bei dem Strömungsvorgang gegebenen Verhältnisse anschaulicher zu machen, soll im folgenden von dem graphischen Verfahren ausgiebig Gebrauch gemacht werden. In nachstehendem Diagramm, Abb. 7, sind γ_l und γ_g als Strecken dargestellt, wodurch sich als Differenz der beiden Strecken $(\gamma_l - \gamma_g)$ ergibt. Ist γ_l und γ_g konstant über die Höhe h des Rohres, so veranschaulicht das schraffierte Rechteck den gesamten Auftrieb $A = h\,(\gamma_l - \gamma_g)$. In einer bestimmten Höhe x vom oberen Rohrende entspricht der Auftrieb dem Wert $A_x = x\,(\gamma_l - \gamma_g)$. Die Größe des Auftriebs A in Abhängigkeit von der Rohrhöhe ergibt sich demnach als Gerade, da A proportional mit der Höhe wächst. Diese Gerade geht durch den Nullpunkt bei $x = 0$ und durch einen Punkt, der bei $x = h$ um $A_{\max} = h\,(\gamma_l - \gamma_g)$ von der Null-Linie entfernt ist.

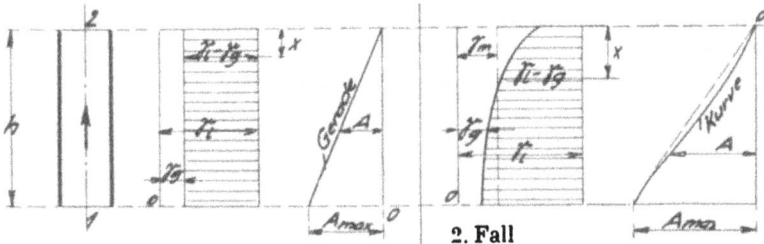

1. Fall $(\gamma_l - \gamma_g) = $ konst.
$$A = x\,(\gamma_l - \gamma_g)$$
$$A_{\max} = h\,(\gamma_l - \gamma_g)$$

Abb. 7.

2. Fall
$(\gamma_l - \gamma_g)$ veränderl. mit x
$$(\gamma_l - \gamma_g) = f(x)$$
$$dA = (\gamma_l - \gamma_g)\,dx$$
$$A_x = \int_0^x (\gamma_l - \gamma_g)\,d_x$$
$$A_{\max} = \int_0^h (\gamma_l - \gamma_g)\,dx = h\,(\gamma_l - \gamma_m)$$

Ist γ_g über die Strecke h nicht konstant (Fall 2), so stellt beispielsweise die auf der rechten Seite der Abb. 7 schraffierte Fläche den gesamten Auftrieb dar, den man durch Planimetrieren der Fläche bestimmen könnte. Ist die Differenz $(\gamma_l - \gamma_g)$ als Funktion von x gegeben, so ist der jeweilige Auftrieb A_x an der Stelle x, da

$$dA = (\gamma_l - \gamma_g) \cdot dx,$$
$$A_x = \int_0^x (\gamma_l - \gamma_g) \cdot dx$$

2*

und

$$A_{max} = \int\limits_0^h (\gamma_l - \gamma_g) \cdot dx = h\,(\gamma_l - \gamma_m).$$

Die A-Kurve läßt sich hiernach berechnen oder zeichnen.

Im folgenden ist der Einfachheit halber zunächst immer angenommen, daß $(\gamma_l - \gamma_g)$ konstant ist, woraus sich als Auftriebskurve eine Gerade ergibt.

Bei der Energiegleichung S. 19 ist vorausgesetzt, daß das Gas an der Stelle *1* bereits die Geschwindigkeit w_1 m/s hat, und es ist unberücksichtigt geblieben, woher die Strömungsenergie $\dfrac{w_1{}^2}{2\,g}\,\gamma_g$ stammt. Da die Auftriebsenergie $h\,(\gamma_l - \gamma_g)$ auch noch sehr oft das Gas von dem ruhenden Zustand ($w = 0$) auf die Geschwindigkeit w_1 bringen muß, so geht dieser Energieaufwand ebenfalls auf Kosten des Auftriebs. Auch etwaige Einzelwiderstände Z im Rohr müssen durch das Arbeitsvermögen des Auftriebs überwunden werden, so daß die Gleichung übergeht in:

$$A = h\,(\gamma_l - \gamma_g) = \frac{w_2{}^2}{2\,g}\cdot\gamma_g + R\cdot l + \varSigma Z.$$

Es ist von großem Wert zu wissen, wie und an welcher Stelle des Rohres sich der Arbeitswert $h\,(\gamma_l - \gamma_g)$ in die anderen Energieformen umsetzt; denn hiervon hängt der manometrische Druckverlauf im Rohr ab. Es wird im folgenden gerade diese Seite des Problems bevorzugt behandelt, weil die Praxis aus der Kenntnis des manometrischen Druckverlaufs Nutzen ziehen kann. Als manometrischer Druckverlauf sollen im folgenden die mit dem Manometer (U-Rohr od. dgl.) meßbaren statischen Über- bzw. Unterdrücke in verschiedenen Höhen des Rohrinnern gegenüber den Drücken der umgebenden Luft verstanden werden.

V. Manometrischer Druckverlauf in Abgasleitungen.

A. Entwicklung des Diagramms zur Bestimmung des manometrischen Druckverlaufs.

In dem Rohr nach umstehender Abb. 8 ströme infolge des Auftriebs Gas vom Raumgewicht γ_g, welches kleiner ist als das Raumgewicht γ_l kg/m³ der umgebenden Luft. Im Rohr sind zwei Einzelwiderstände Z_1 und Z_2 eingebaut; die Strömung ist mit Rohrreibung verbunden.

Da die Energieentwicklung des Rohres $h\,(\gamma_l-\gamma_g)$ ist, stellt die Fläche *1—2—3—4* des Diagramms *a* die Gesamtgröße der erzeugten Energie dar. Diese Fläche ist im Diagramm *b* nochmals herausgezeichnet und unterteilt nach Flächen, von denen Fläche *5—6—13—14* die Bewegungsenergie $\frac{w^2}{2\,g}\,\gamma_g$, Fläche *6—7—12—13* die Reibungsarbeit $R \cdot l$, Flächen *7—8—11—12* und *8—9—10—11* die Energiegrößen zur Überwindung der Einzelwiderstände Z_1 und Z_2 darstellen mögen. (Das Verhältnis vorstehender Energiebeträge untereinander ist im Diagramm *b* beliebig angenommen. Wie groß die Werte der einzelnen Beträge im Verhältnis zur gesamten Auftriebsenergie in praktischen Fällen tatsächlich sind, wird später im Abschnitt X gezeigt.) Die Summe der Einzelflächen ist gleich der Gesamtfläche, d. h. die Summe $\left(\frac{w^2}{2\,g}\,\gamma_g + R \cdot l + Z_1 + Z_2\right)$ ist gleich dem Gesamtenergiebetrag $h\,(\gamma_l-\gamma_g)$. — Andere Energieformen sollen hierbei nicht berücksichtigt werden.

Im Diagramm *c* wird der Energieverbrauch in Abhängigkeit von der Rohrhöhe h dargestellt. Der Gesamtenergiebetrag $h\,(\gamma_l-\gamma_g)$ erscheint hier als Strecke *15—19* (also nicht als Fläche wie früher). Die Strecke *15—19* ist jetzt ein Maß für die Gesamtenergie.

Es entspricht die Länge der Strecke *15—19* der Fläche *5—9—10—14*

»	»	»	»	*15—16*	»	»	*5—6—13—14*
»	»	»	»	*16—17*	»	»	*6—7—12—13*
»	»	»	»	*17—18*	»	»	*7—8—11—12*
»	»	»	»	*18—19*	»	»	*8—9—10—11*

Der Energiebetrag *15—16* ist bereits an der Eintrittsstelle des Gases in das Rohr in Bewegungsenergie $\frac{w^2}{2\,g}\,\gamma_g$ umgesetzt und ist also für die Energieänderung im Rohr selbst solange ohne Bedeutung, als das Rohr zylindrisch ist und der Wert $\frac{w^2}{2\,g}\,\gamma_g$ beim Durchströmen des Gases durch das Rohr konstant bleibt. Horizontale Schraffur im Diagramm *c* deutet die bereits umgesetzte oder verbrauchte Energie an, senkrechte Schraffur die ursprüngliche, also noch nicht umgesetzte Energie. Die Energie *15—16* ist also von Anfang an

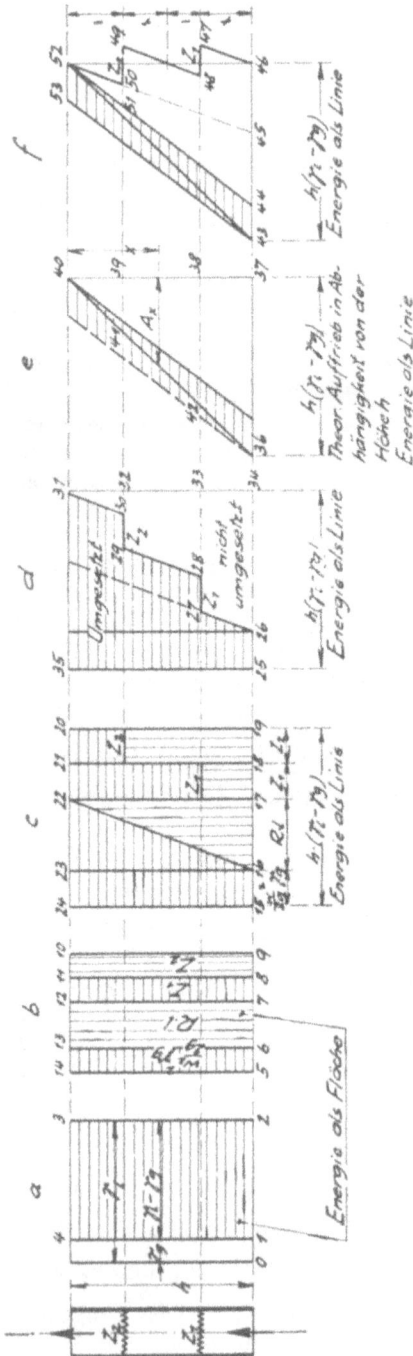

horizontal zu schraffieren. Der Energiebetrag *16—17*, der für die Leistung · der Reibungsarbeit $R \cdot l$ in Betracht kommt, ist zu Anfang des Rohres als ursprüngliche und am oberen Ende als verbrauchte Energie vorhanden. Die Umsetzung erfolgt proportional mit der Höhe h des Rohres (Reibungskoeffizient über die Länge des Rohres konstant).

Die Energie *17—18* wird bei Z_1 und die Energie *18—19* bei Z_2 umgesetzt. Vor dem Einzelwiderstand ist ursprüngliche, nach dem Einzelwiderstand verbrauchte Energie (Wärme) vorhanden.

Im Diagramm d sind die ursprünglichen und verbrauchten Energien des Diagramms c zusammengefaßt und geordnet. Durch die Linie *26—27—28—29—30—31* werden beide Energien voneinander getrennt. Da die Umsetzung des Energiebetrages *25—26* schon vor dem Eintritt des Gases in das Rohr stattfindet, kommt für die Umsetzung im Rohr selbst nur noch der Restbetrag *26—34* in Betracht.

Im Diagramm e ist die durch den Auftrieb gegebene Verteilung an ursprünglicher Energie über die Höhe h des Rohres dargestellt. Die Auftriebsenergie nimmt von dem Wert Null an der Austrittsstelle der Gase, wo $h = 0$ ist, proportional mit der Entfernung vom oberen Rohrende zu und erreicht am unteren Ende den Maximalwert h $(\gamma_l - \gamma_g)$. Strecke *36—37* entspricht dem Gesamtauftrieb bzw. der Gesamtenergie; an der Stelle x ist der Auftrieb $A_x = x \cdot (\gamma_l - \gamma_g)$. Von der Gesamtenergie *36—37* ist die Bewegungsenergie als für die Umsetzung im Rohr nicht in Betracht kommend in Abzug zu bringen.

Ein Vergleich des an jeder Stelle des Rohres nach Abzug der Bewegungsenergie noch verbleibenden Energiebetrages im Diagramm *e* mit den entsprechenden ursprünglichen Energiebeträgen im Diagramm *d* zeigt, daß die nicht umgesetzten Energien im Diagramm *d* bald größer bald kleiner sind als die entsprechenden Energiebeträge im Diagramm *e*. Ist Überschuß an ursprünglicher Energie vorhanden, so setzt sich der Überschuß in Überdruckenergie, im umgekehrten Fall in Unterdruckenergie um. Dieser Vergleich ist im Diagramm *f* durchgeführt, welches die Übereinanderzeichnung der Diagramme *d* und *e* in etwas abgeänderter Form darstellt. Aus Diagramm *f* läßt sich feststellen, an welchen Stellen im Rohr Über- oder Unterdruck ist; es zeigt allgemein den manometrischen Druckverlauf im Rohr an. Die Gerade *46—52* gilt hierbei als Null-Linie, von der aus die Drücke zu rechnen sind.

Zur graphischen Darstellung der Druckverhältnisse im Rohr genügt die Konstruktion des Diagramms *f*, welches nach einigem Üben schnell gezeichnet werden kann und dann eine klare Übersicht über die manometrischen Drücke im Rohr verschafft.

Ob an einer Stelle *x* des Rohres im Innern desselben Unterdruck oder Überdruck herrscht, läßt sich rechnerisch durch die Gleichung feststellen:

$$p_x = x\,(\gamma_1 - \gamma_0) - \left(\frac{x}{h} \cdot \frac{w^2}{2\,g}\,\gamma_0 + l_x \cdot R + \overset{x}{\underset{0}{\Sigma}}\,Z\right).$$

x bezeichnet die Entfernung der betreffenden Stelle vom oberen Schornsteinende und p_x den manometrischen Druck im Rohr an dieser Stelle.

Je nachdem ob sich der Wert p_x als positiv oder negativ ergibt, ist Unter- bzw. Überdruck im Rohr. Es ist wohl klar, daß im äußersten Fall der Unterdruck durch die Linie *45—52* und der Überdruck durch eine Parallele zu dieser Linie durch den Punkt *46* begrenzt ist. p_x muß am oberen Ende des Rohres Null sein, wenn nicht gerade ein Einzelwiderstand an dieser Stelle liegt. Bei freiem Austritt des Gases am oberen Rohrende wäre Überdruck des Gases gegenüber dem an dieser Stelle herrschenden Luftdruck nur in dem Fall denkbar, daß das Gas mit Schallgeschwindigkeit im Rohr strömt. Die Gassäule würde dann bei Austritt aus dem Rohr platzen. Solche Verhältnisse kommen aber bei den vorliegenden Untersuchungen nicht in Betracht. Ein größerer Unterdruck am oberen Rohrende ist ebenfalls nicht denkbar. Jedoch ist zu beachten, daß die aus dem Kamin ins Freie gelangenden Abgase bei ruhiger Außenluft noch als geschlossene Gassäule auch außerhalb des Kamines beisammen bleiben können, ohne daß eine sofortige Durchmischung mit der umgebenden Luft eintritt. Die wirksame Länge dieser Gassäule ist nicht groß, jedoch kommt sie im Effekt einer Verlängerung des Kamines gleich, wodurch ein geringer Unterdruck am Kaminende möglich und oft nachweisbar ist.

Für die Konstruktion des Diagramms *f* ist es daher wichtig, zu wissen, daß der Austrittsdruck der Gase etwa gleich dem Druck der umgebenden Luft an dieser Stelle ist.

B. Beispiele für die Anwendung des Druckdiagramms.

Die im folgenden aufgeführten Beispiele über den manometrischen Druckverlauf bei verschiedenen angenommenen Verhältnissen dienen nur zur Veranschaulichung der Diagrammkonstruktion. Die Diagramme sind deshalb so gezeichnet, daß sie den damit beabsichtigten Zweck deutlich zum Ausdruck bringen. Auf maßstäbliche Wiedergabe der Beziehungen der Werte untereinander ist aus diesem Grunde verzichtet und es mag daher an dieser Stelle auf diesbezügliche Versuche verwiesen werden, die am Schluß dieses Abschnittes aufgeführt sind. — Die Diagramme sind sämtlich als Druckdiagramme aufzufassen; horizontale Strecken darin haben also die Bedeutung kg/m² oder mm W.-S.

Die Skizzen stellen den Aufriß dar.

1. Beispiel.

Befindet sich in einem oben geschlossenen und unten offenen, mit der Außenluft in Verbindung stehendem Rohr (Abb. 9) Gas mit einem Raumgewicht, leichter als das der umgebenden Luft, so ist dieses Gas in Ruhe. In der Hauptgleichung ist daher $\dfrac{w_2{}^2}{2\,g}\,\gamma_g$ und $R \cdot l$ und die Einzelwiderstände gleich Null. Der Auftrieb $A = h\,(\gamma_l - \gamma_g)$ kann sich daher nicht in Bewegungs- und Reibungsenergie umsetzen und macht sich durch Überdruck im Rohr gegenüber dem Druck P_1 der umgebenden Luft bemerkbar. Der Überdruck ist unten gleich Null, da $A = 0$, und steigt proportional mit der Höhe bis auf den Maximalwert $(P_2 - P_1) = A_{\max} = h\,(\gamma_l - \gamma_g)$ kg/m² bzw. mm W.-S. am oberen Ende des Rohres. Der manometrische Druckverlauf im Rohr entspricht der Geraden $P_1 \rightarrow P_2$, wobei die vertikale Gerade durch P_1 den Bezugsdruck = Null-Linie darstellt.

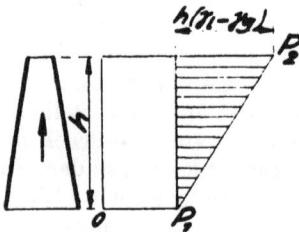

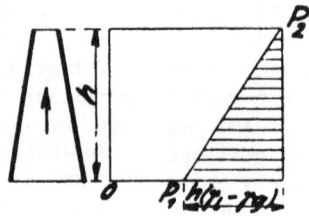

$$h\,(\gamma_l - \gamma_g) = P_2 - P_1 \qquad\qquad h\,(\gamma_l - \gamma_g) = P_2 - P_1$$

Abb. 9.　　　　　　　　　　　　Abb. 10.

2. Beispiel.

Wird umgekehrt das mit leichtem Gas gefüllte Rohr unten geschlossen, und ist dafür gesorgt, daß das Gas aus der oberen Öffnung nicht in die Luft diffundiert, so ist am oberen Ende des Rohres der absolute Druck P_2 gleich dem Druck der umgebenden Luft, der Druck P_1 (unten) um $h\,(\gamma_l - \gamma_g)$ mm W.-S. geringer als P_2 (also Unterdruck). Auf dem unteren Deckel mit der Fläche F m² wirkt von außen eine Kraft $F \cdot h\,(\gamma_l - \gamma_g)$ kg. — Abb. 10.

In einem zylindrischen oder auch beliebig gestalteten Rohr ist bei ruhender Gassäule der Druckverlauf geradlinig.

3. Beispiel.

Sobald das in Beispiel 2 angegebene Rohr unten geöffnet wird, beginnt das Gas infolge des Auftriebes aus der oberen Öffnung abzuströmen; neues Gas dringt unten ein. Nach nebenstehender Abb. 11 wird von der gesamten Auftriebsenergie $h\,(\gamma_l - \gamma_g)$ ein Teil in Bewegungsenergie $\dfrac{w_2^{\,2}}{2\,g}\,\gamma_g$, ein anderer Teil in Reibungsarbeit $R \cdot l$ und der Rest zur Überwindung des Einzelwiderstandes Z (z. B. Drahtsieb) umgesetzt. Nach der im Abschnitt V A dargelegten Erklärung des Diagramms entspricht der manometrische Druckverlauf der Zickzack-Linie $P_1 \rightarrow P_2$. Oberhalb von Z ist Unterdruck, unterhalb Z Überdruck. Strecken mit — bezeichnet, stehen unter Unterdruck, Strecken mit + bezeichnet stehen unter Überdruck. Macht man in das Rohr auf den Minusstrecken eine kleine Öffnung, so tritt Luft von außen wegen der bestehenden Druckdifferenz durch die Öffnung in das Rohr; umgekehrt treten Gase aus Öffnungen auf den Plusstrecken aus dem Rohr ins Freie.

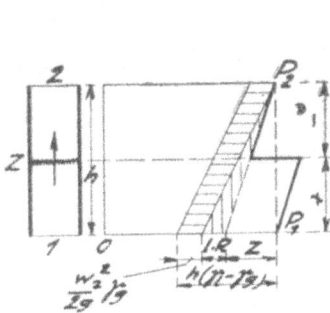

$$h\,(\gamma_l - \gamma_g) = \frac{w_2^{\,2}}{2\,g}\,\gamma_g + l \cdot R + Z$$

Abb. 11.

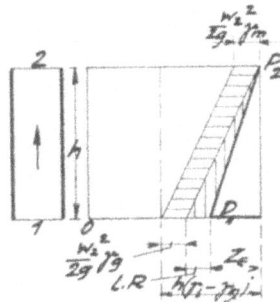

$$h\,(\gamma_l - \gamma_g) = \frac{w_2^{\,2}}{2\,g}\,\gamma_g + l \cdot R + Z_e$$

Abb. 12.

4. Beispiel.

In Beispiel 3 war angenommen, daß der Einzelwiderstand Z zwischen den Stellen *1* und *2* des Rohres liegt und daß sonst kein Einzelwiderstand vorhanden ist. Dieser Fall ist nur theoretisch möglich; denn bei allen Strömungsvorgängen, die von einer Anfangsgeschwindigkeit $w_1 = 0$ ausgehen, ist ein Eintrittswiderstand an der Stelle *1* des Rohres vorhanden, der um so größer ist, je höher die Geschwindigkeit im Rohr ist. Dieser Eintrittswiderstand Z_e ist von großer Bedeutung für die durch den Auftrieb hervorgerufene Gasgeschwindigkeit im Rohr; über seine Größe wird später das Notwendige mitgeteilt. Der Eintrittswiderstand Z_e äußert sich dadurch, daß an der Stelle *1* des Rohres Unterdruck herrscht, wie aus obenstehender Abb. 12 ersichtlich. In allen folgenden Beispielen ist Z_e entsprechend berücksichtigt.

5. Beispiel.

Bei einem zylindrischen Rohr wie im vorigen Beispiel ist die Änderung der Bewegungsenergie $\dfrac{w_2^{\,2} - w_1^{\,2}}{2\,g} \cdot \gamma_g$ gleich Null, deshalb tritt sie nicht in Erscheinung. Wenn das Rohr nach oben konisch verläuft, wie in Abb. 13, nimmt die Gasgeschwindigkeit von Stelle *1* nach *2* zu. Der hierzu erforderliche Energieaufwand $\dfrac{w_2^{\,2} - w_1^{\,2}}{2\,g}\,\gamma_g$ wird ebenfalls vom Auftrieb genommen, so daß sich bei diesem Rohr als manometrischer Druckverlauf die Gerade $P_1 \rightarrow P_2$ ergibt. Der Einfachheit halber ist bei diesem und dem folgenden Beispiel die Rohrreibung vernachlässigt, als ob es sich um reibungsfreie Strömung handelte.

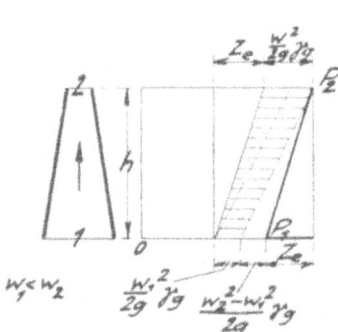

$$h\,(\gamma_l - \gamma_g) = \frac{w_1^2}{2g}\gamma_g + \frac{w_2^2 - w_1^2}{2g}\gamma_g + Z_e$$

$$h\,(\gamma_l - \gamma_g) = \frac{w_2^2}{2g}\gamma_g + Z_e$$

Abb. 13.

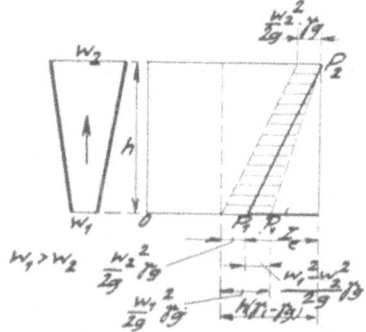

$$h\,(\gamma_l - \gamma_g) = \frac{w_1^2}{2g}\gamma_g - \frac{w_1^2 - w_2^2}{2g}\gamma_g + Z_e$$

$$h\,(\gamma_l - \gamma_g) = \frac{w_2^2}{2g}\gamma_g + Z_e$$

Abb. 14.

6. Beispiel.

Ist das Rohr nach unten konisch (Abb. 14), so wirkt es wie ein Diffusor; infolge der Abnahme der Gasgeschwindigkeit auf dem Wege von *1* nach *2* wird der Wert $\dfrac{w_2^2 - w_1^2}{2\,g}\,\gamma_g$ negativ, d. h. durch die Verringerung der kinetischen Energie bekommt die Druckenergie auf dem Wege von *1* nach *2* einen Zuwachs, und zwar im gleichen Maß, wie die kinetische Energie abnimmt oder mit anderen Worten: an der Stelle *1* wird sich wegen Rückwirkung dieses Energiezuwachses ein größerer Unterdruck einstellen. Der manometrische Druckverlauf geht nach der Geraden $P_1 \rightarrow P_2$. Da bei der Umsetzung der kinetischen Energie in Druckenergie durch Wirbelbildung usw. Verluste entstehen, wird sich entsprechend dem Wirkungsgrad

$$\eta = \frac{P_1' - P_1}{\dfrac{w_1^2 - w_2^2}{2\,g}\,\gamma_g}$$

der Unterdruck P_1 etwas mehr nach rechts, vom Nullpunkt fort, bewegen, so daß $(P_2 - P_1)$ kleiner wird als

$$\left\{ h\,(\gamma_l - \gamma_g) - \frac{w_2^2}{2\,g}\,\gamma_g \right\}.$$

7. Beispiel.

Die nebenstehende Abb. 15 zeigt den am häufigsten vorkommenden Fall, bei dem in einem zylindrischen Rohr mehrere Einzelwiderstände vorhanden sind und außerdem die Rohrreibung wirkt. Das Rohr steht streckenweise unter Überdruck und streckenweise unter Unterdruck. Die Stellen im Rohr, an denen

Minus- und Plusstrecken zusammenstoßen, haben den Druck der umgebenden Luft. Öffnungen an diesen Stellen im Rohr verursachen keinerlei Strömung mit der Außenluft. Diese Stellen im Rohr werden als »Neutrale Zonen« bezeichnet.

An welchen Stellen im Rohr Unter- oder Überdruck vorhanden ist, hängt nur von der Größe und Lage der Einzelwiderstände ab.

Die Kamine sucht man meistens unter Unterdruck zu halten, damit bei Undichtigkeiten keine Abgase aus dem Rohr austreten. Es wäre verkehrt, wenn größere Einzelwiderstände am Gasaustritt vorhanden wären, weil dann der Kamin größtenteils unter Überdruck steht. Einzelwiderstände sollen daher bei Kaminen möglichst unten liegen.

Bei industriellen Öfen können oft andere Gesichtspunkte ausschlaggebend für die Lage der Einzelwiderstände sein. Beispielsweise soll die neutrale Zone in Höhe der Ofentür liegen, damit beim Öffnen weder Gase aus- noch Luft eintreten kann. Man kann bei der Konstruktion der Öfen die Einzelwiderstände so verteilen, daß die neutrale Zone in der gewünschten Höhe sich einstellt. Auch ein anderer Weg führt zum Ziel, indem dafür Sorge getragen wird, daß kurz vor dem Öffnen der Tür durch Herstellung eines Einzelwiderstandes (z. B. Schiebers) an einer geeigneten Stelle sich eine neutrale Zone in Höhe der Ofentür einstellt. Nach Schließen der Tür und nach Wegnahme des Einzelwiderstandes bekommt dann der Ofen seine normale Druckverteilung wieder. Diese Vorgänge lassen sich mit Hilfe des Diagramms genau verfolgen, auch kann man ev. die Größe des zu wählenden Einzelwiderstandes vorher zeichnerisch im Diagramm ermitteln.

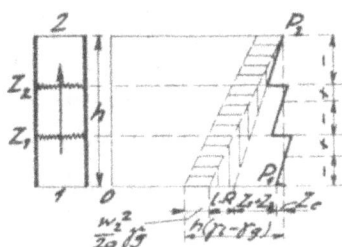

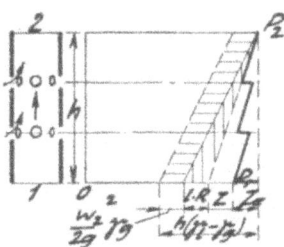

$$h\,(\gamma_l - \gamma_0) = \frac{w_2^2}{2\,g}\gamma_0 + l \cdot R + \Sigma Z + Z_e$$

Abb. 15.

$$h\,(\gamma_l - \gamma_0) = \frac{w_2^2}{2\,g}\gamma_0 + l \cdot R + \Sigma Z + Z_e$$

Abb. 16.

8. Beispiel.

Befinden sich Öffnungen im Rohr (Zugunterbrecher), so wirken diese je nach ihrer Größe wie Einzelwiderstände (vgl. Abb. 16). Sollen keine Gase austreten, müssen die betreffenden Rohrstrecken unter Unterdruck stehen.

Im nächsten Diagramm Abb. 17 ist der Fall dargestellt, daß in der Nähe des Gasaustritts außerdem ein Einzelwiderstand (Drahtsieb usw.) vorhanden ist. Die Druckverhältnisse im Rohr können sich gegenüber dem Fall der Abb. 17, bei dem die untere Öffnung im Unterdruck- und die obere im Überdruckgebiet liegt, in der Weise ändern, daß beide Öffnungen im Überdruck liegen.

Es läßt sich der Einzelwiderstand Z am oberen Ende des Rohres als gelegentlich auftretender Windstoß auffassen (Abb. 18). Die Austrittsöffnung des Kamins liegt dann im Staudruck eines Luftstromes, dessen kinetische Energie durch Verringerung der Geschwindigkeit in Druckenergie umgesetzt wird. Je nach Größe des Staudruckes wandert die neutrale Zone nach oben

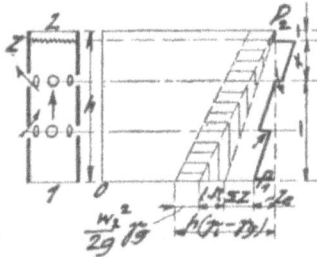

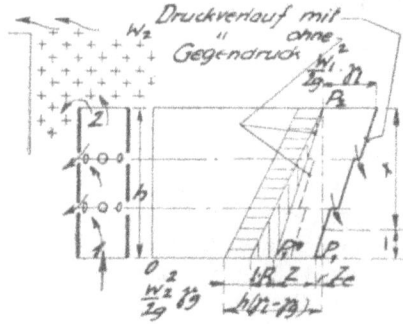

$$h(\gamma_l - \gamma_0) = \frac{w_2^2}{2g}\gamma_0 + l \cdot R + \Sigma Z + Z_e$$

Abb. 17.

Abb. 18.

und unten, und so ist es leicht erklärlich, weshalb Zugunterbrecher bei Abgaskaminen bald die Luft einziehen, bald die Luft austreten lassen.

Mit der Zu- und Abnahme des Einzelwiderstandes ändern sich selbstverständlich auch die Beträge für die Rohrreibung und den dynamischen Druck $\frac{w_2^2}{2g} \cdot \gamma_0$. Die Leistung des Kamins, also die fortgeschaffte Abgasmenge in der Zeiteinheit, wird hierdurch wesentlich beeinträchtigt. Aus der stationären Strömung wird eine zeitlich veränderliche Strömung. Im Diagramm Abb. 18 ist $l \cdot R$ und $\frac{w^2}{2g}\gamma_0$ absichtlich konstant gelassen, obwohl praktisch dieser Fall nicht vorkommen kann.

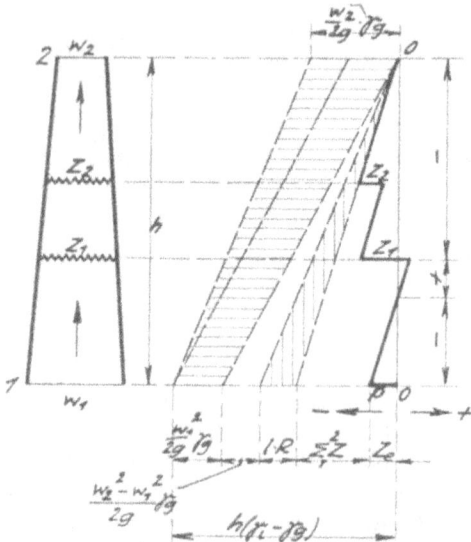

9. Beispiel.

Im nebenstehenden Diagramm der Abb. 19 ist die Umsetzung der Auftriebsenergie auf dem Wege von *1* nach *2* und der manometrische Druckverlauf am geraden konischen Rohr nochmals übersichtlich zum Ausdruck gebracht. Der Druck der umgebenden Luft ist bei diesem und allen folgenden Diagrammen als Bezugsdruck = Nullinie gewählt; der absolute Druck ist für die Betrachtungen ziemlich nebensächlich und daher fortgelassen.

$$h(\gamma_l - \gamma_0) = \frac{w_2^2}{2g}\gamma_0 + l \cdot R + \overset{2}{\underset{1}{\Sigma}} Z + Z_e$$

Abb. 19.

10. Beispiel.

Manometrischer Druckverlauf am geschleiften Rohr. Strömungsvorgang mit Rohrreibung und Eintrittswiderstand (Abb. 20).

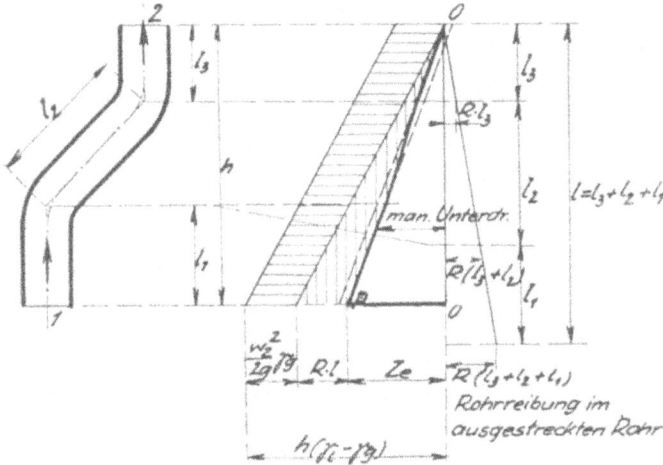

Abb. 20

11. Beispiel.

Manometrischer Druckverlauf am geschleiften Rohr. Strömungsvorgang mit Rohrreibung und Einzelwiderständen. — Manometrische Drücke sind vom Diagramm in die Kaminskizze übertragen (Abb. 21).

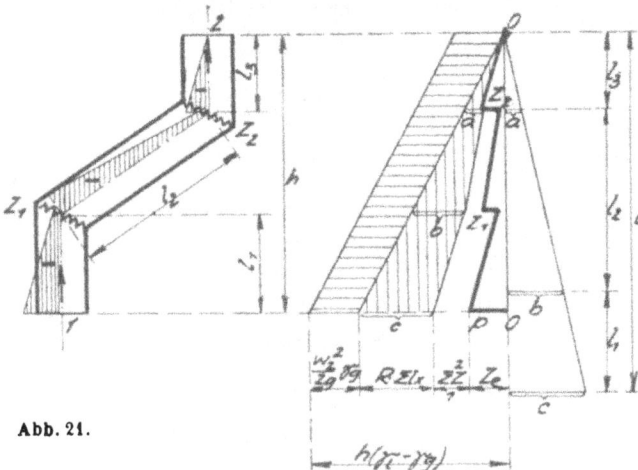

Abb. 21.

12. Beispiel.

Manometrischer Druckverlauf am Rohr mit eingebauter horizontaler Rohrstrecke (Abb. 22).

13. Beispiel.

Manometrischer Druckverlauf in einem Rohr, in das ein Lufterwärmer B mit dem Widerstand Z_1 und darüber im Abstand h_1 ein Kühler K mit dem Widerstand Z_2 eingebaut sind (vgl. Abb. 23). Die Luftvolumina sind in einem

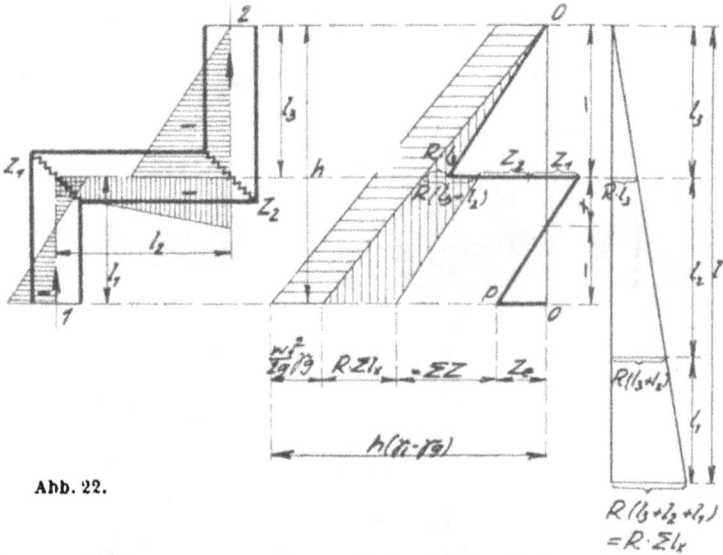

Abb. 22.

besonderen Diagramm veranschaulicht. Die Außenluft habe ein Raumgewicht γ_l, die erwärmte Luft ein Gewicht γ_1 und die abgekühlte Luft ein Raumgewicht γ_2 kg/m³. Voraussetzung für das Diagramm ist, daß $\gamma_l > \gamma_2 > \gamma_1$ ist, daß die Rohrreibungszahl R, ferner der dynamische Druck $\dfrac{w^2}{2g}\,\gamma$ und der Querschnitt F des Rohres an allen Stellen konstant sind.

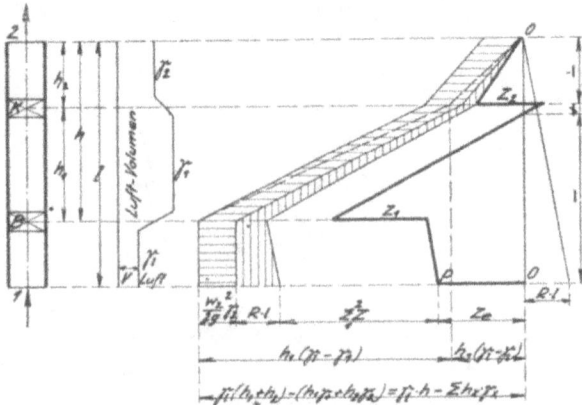

Abb. 23.
$$\gamma_l \cdot h - \Sigma h_x \gamma_x = \frac{w_2^2}{2g}\gamma_2 + R \cdot l + \overset{2}{\underset{1}{\Sigma}} Z + Z_e$$

Der Gesamtauftrieb A setzt sich aus zwei Einzelauftrieben: $A_1 = h_1 (\gamma_l - \gamma_1)$ und $A_2 = h_2 (\gamma_l - \gamma_2)$ zusammen. $A = A_1 + A_2$.

14. Beispiel.

Manometrischer Druckverlauf bei einem Abzugsrohr, das aus Material mit verschiedenen Reibungskoeffizienten R_1 und R_2 hergestellt ist, in Verbindung mit einem Badeofen, der aus einem Brenner B und einem Kühler K (Lamellenkörper) besteht (vgl. Abb. 24). Die Abgasvolumina sind in einem besonderen Diagramm dargestellt.

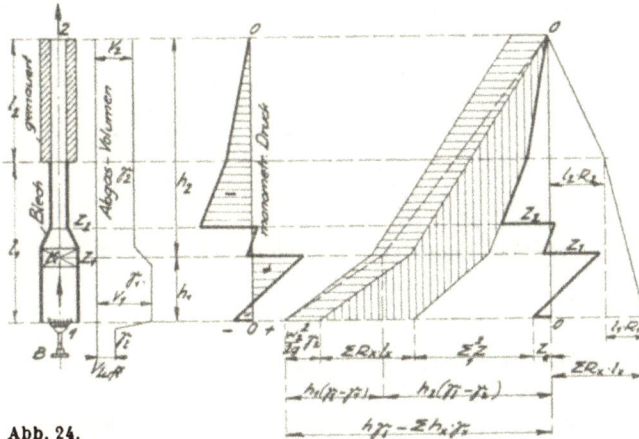

Abb. 24.

Der Gesamtauftrieb besteht aus zwei Einzelauftrieben, ebenso die Gesamtreibung aus $R_1 \cdot l_1$ und $R_2 \cdot l_2$.

Es ist angenommen, daß die Querschnitte des Gaswegs so bemessen sind, daß der dynamische Druck $\frac{w^2}{2g} \gamma$ über die ganze Länge der Einrichtung konstant ist. Ferner ist vorausgesetzt, daß $\gamma_l > \gamma_2 > \gamma_1$ ist.

15. Beispiel.

Druckverhältnisse bei einem Rohr, das zur Aufwärtsbewegung von Gasen dient, die schwerer als die umgebende Luft sind (Abb. 25). Durch Erwärmung des Gases mittels Heizkörpers B bzw. durch die dadurch hervorgerufene Verringerung des Raumgewichtes von $\gamma_1 > \gamma_l$ auf $\gamma_2 < \gamma_l$ wird so viel Auftrieb $h_2 (\gamma_l - \gamma_2)$ erzeugt, daß das Gas bewegt $\left(\frac{w_2^2}{2g} \gamma_2 \right)$, die Rohrreibung $(l \cdot R)$, die Einzelwiderstände (ΣZ) und der Abtrieb $h_1 (\gamma_1 - \gamma_l)$ überwunden werden:

$$h_2 (\gamma_l - \gamma_2) = \frac{w_2^2}{2g} \gamma_2 + l \cdot R + \Sigma Z + h_1 (\gamma_1 - \gamma_l).$$

Man kann sich vorstellen, daß die Einrichtung etwa zur Entfernung von kalter Luft aus Kühlhäusern oder von CO_2-Gasen aus Gefäßen dient. Je höher im Rohr der Heizkörper *B* eingebaut wird, desto größer wird die Gegenwirkung des Abtriebs der kalten Luft.

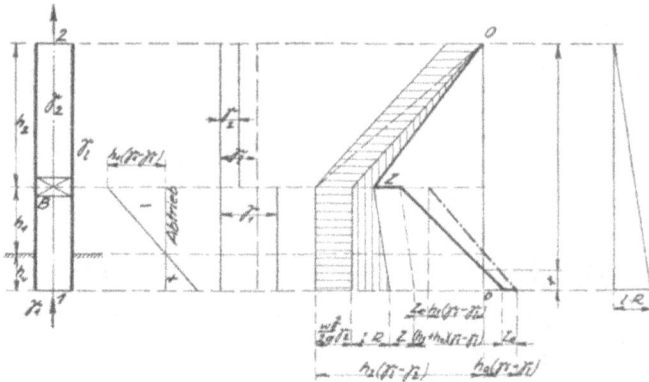

Abb. 25.

Die Raumgewichte sind im besonderen Diagramm veranschaulicht: $\gamma_1 > \gamma_l > \gamma_2$.

16. Beispiel.

Manometrischer Druckverlauf in einem Rohr für den Fall, daß die durch den Heizkörper *B* erwärmte Luft in dem Kühler *K* soweit herabgekühlt wird, daß die abgekühlte Luft schwerer als die Außenluft ist (Abb. 26).

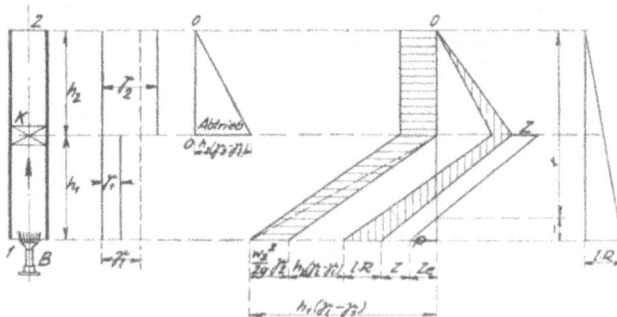

Abb. 26.

Nach dem Diagramm der Raumgewichte ist: $\gamma_2 > \gamma_l > \gamma_1$. Die Auftriebsgleichung für diesen Fall heißt:

$$h_1(\gamma_l - \gamma_1) = \frac{w_2^2}{2\,g}\,\gamma_2 + l \cdot R + Z + Z_e + h_2(\gamma_2 - \gamma_l)$$

oder allgemein:

$$h \cdot \gamma_l - (\Sigma h_x \cdot \gamma_x) = \frac{w_2^2}{2\,g}\,\gamma + l \cdot R + \Sigma Z.$$

17. Beispiel.

Manometrischer Druckverlauf an gebogenen Rohren

a) nur mit Rohrreibung (Abb. 27),

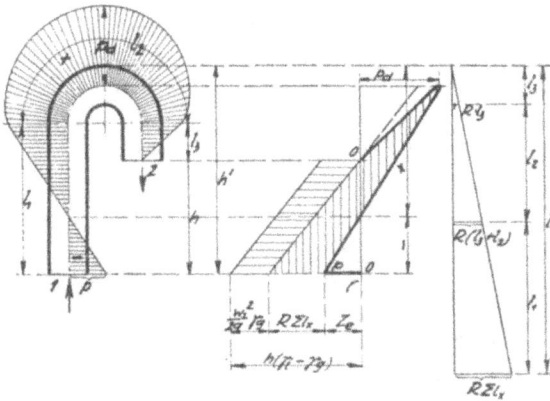

Abb. 27.
$$h\,(\gamma_l - \gamma_g) = \frac{w_2^2}{2g}\,\gamma_g + R\,\Sigma l_x + Z_e$$

b) mit Rohrreibung und Einzelwiderständen (Abb. 28).

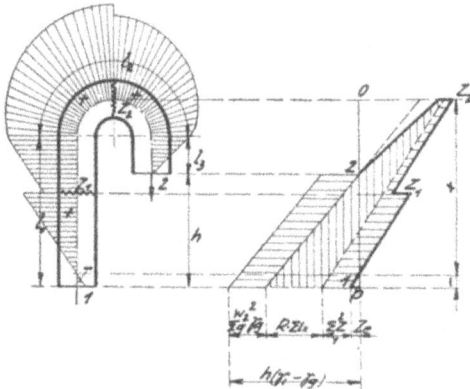

$$h\,(\gamma_l - \gamma_g) = \frac{w_2^2}{2g}\,\gamma_g + R\,\Sigma l_x + \overset{2}{\underset{1}{\Sigma}}Z + Z_e$$

Abb. 28.

18. Beispiel.

Manometrischer Druckverlauf am S-förmig gebogenen Rohr (Abb. 29).

19. Beispiel.

Manometrischer Druckverlauf bei einem gebogenen Rohr, das nach Art eines Hebers Gase, schwerer als Luft, aus einem Gefäß absaugt (Abb. 30).

20. Beispiel.

Manometrischer Druckverlauf in einem Rohr, durch das heiße Luft vom Raumgewicht γ_i ($\gamma_i < \gamma_l$) mittels Ventilators vertikal nach unten gedrückt wird (Abb. 31). Der manometrische Druck p_{man} an der Stelle x ist jeweils:

$$p_{man} = x\,(\gamma_l - \gamma_i) + R \cdot x + \overset{x}{\underset{0}{\Sigma}}Z.$$

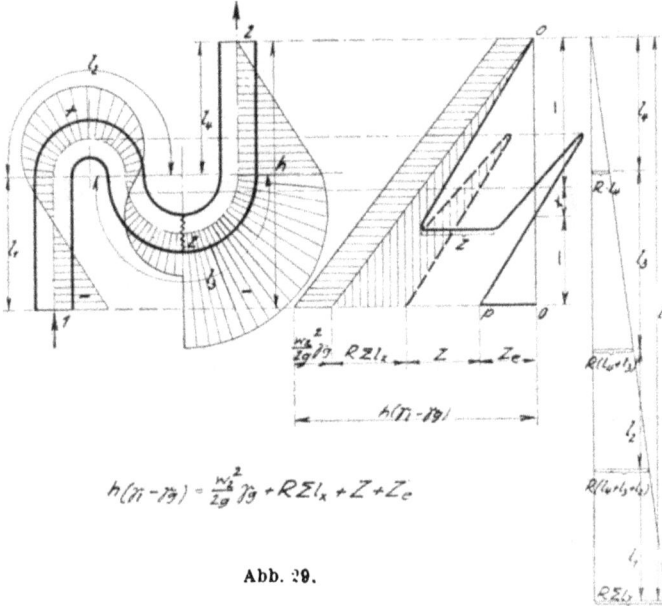

Abb. 29.

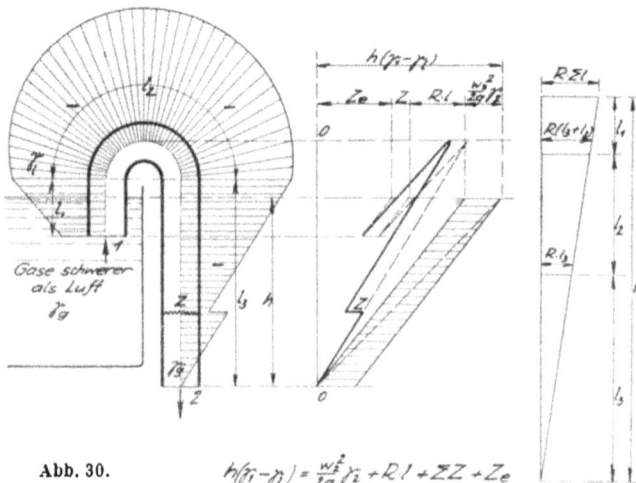

Abb. 30.

21. Beispiel.

In Abb. 32 ist ein Rohr dargestellt, das an einen Gasraum angeschlossen ist. Unter dem Gasraum kann man sich ein Zimmer oder dgl. vorstellen, von dem ein Entlüftungsschacht nach oben führt.

Im Fall a) ist angenommen, daß im Gasraum und im Rohr Gase von gleichem Raumgewicht wie die Außenluft vorhanden sind und daß der Gasraum gegenüber der umgebenden Luft unter einem Überdruck p_d mm W.-S. steht. Auftrieb ist nicht vorhanden. Der statische Überdruck p_d setzt sich im Rohr in dynamischen Druck $\frac{w^2}{2g}\,\gamma$, in Reibungsarbeit $l \cdot R$ und ΣZ um. Der manometrische Druckverlauf im Rohr geht aus dem Diagramm Fall a) hervor.

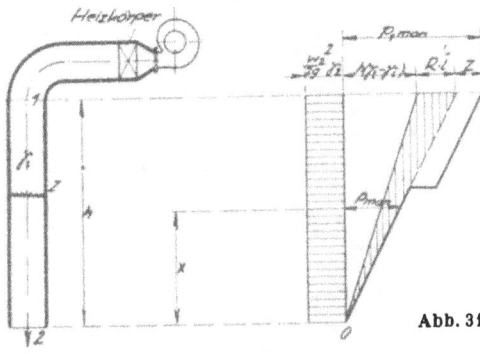

Abb. 31.

In Fall b) steht der Gasraum unter Überdruck, im Gasraum und im Rohr befinden sich Gase, die leichter als die umgebende Luft sind. Im Rohr entsteht ein Auftrieb von der Größe $h\,(\gamma_l - \gamma_g)$. Die Auftriebsenergie des Rohres und die Druckenergie des Gasraumes addieren sich. Der Druckverlauf im Rohr entspricht der Zickzacklinie. Unten ist Überdruck, bei Z_1 geht der Druck in Unterdruck über, der sich nach oben verliert. Ob Unter- oder Überdruck im Rohr vorhanden ist, hängt unter anderem auch von dem Verhältnis $\dfrac{p_d}{h\,(\gamma_l - \gamma_g)}$ ab. Je größer dieses ist, um so mehr überwiegt der Überdruck im Rohr. Für die »Gefälleaufteilung« besteht die Gleichung:

$$h\,(\gamma_l - \gamma_g) + p_d = \frac{w_2^2}{2g}\cdot\gamma_g + R \cdot l + \Sigma Z.$$

In Fall c) ist angenommen, daß der Gasraum unter Unterdruck p_s mm W.-S. steht (aus dem Zimmer wird z. B. mit einem Ventilator Luft abgesaugt) und im Rohr der Auftrieb wirkt. Die verfügbare Energie zur Bewegung der Gase im Rohr ist dann nur noch:

$$h\,(\gamma_l - \gamma_g) - p_s = \frac{w_2^2}{2g}\,\gamma_g + l \cdot R + \Sigma Z.$$

22. Beispiel.

Die praktische Anwendung des vorigen Beispiels 21 zeigt die Abb. 33. In einem Raum, der mit warmer Luft vom Raumgewicht γ_i angefüllt ist, befindet sich ein Badeofen mit dem Brenner B und dem Wärmeübertragungs-

3*

körper K. Vom Badeofen geht ein Abgasrohr ins Freie. Die Raumgewichte der Luft und Gase bei verschiedenen Temperaturen sind in die Skizze eingetragen.

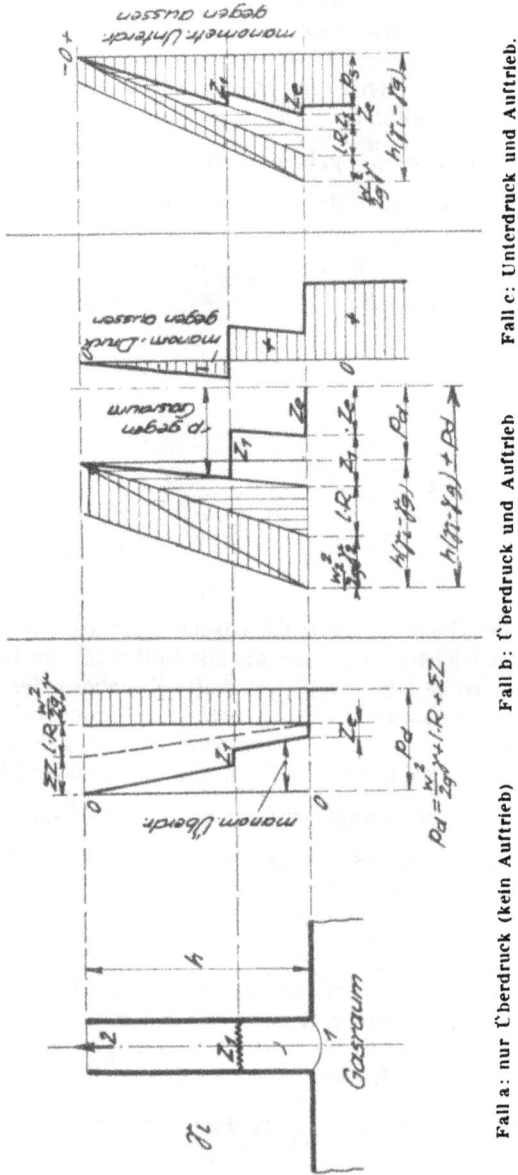

Abb. 32. Zusammenwirken von Auftrieb und gegebenen Gasdrücken. (Über- und Unterdrücken).

Fall a: nur Überdruck (kein Auftrieb)   Fall b: Überdruck und Auftrieb   Fall c: Unterdruck und Auftrieb.

Im Zimmer selbst herrscht Überdruck, der von der Bodenöffnung $Ö$ bis zur Decke geradlinig ansteigt. Die neutrale Zone liegt in diesem Falle sehr tief unten, da die Bodenöffnung tief liegt. Allgemein liegt die neutrale Zone höher, etwa in der Mitte des Raumes, so daß sich oberhalb derselben Überdruck und unterhalb Unterdruck befindet. Man braucht sich nur vorzustellen, daß die Linie $C \rightarrow D$ parallel zu sich selbst nach links verschoben wird, wobei der Schnittpunkt mit der Nullinie bzw. die neutrale Zone auf der Nullinie in die Höhe

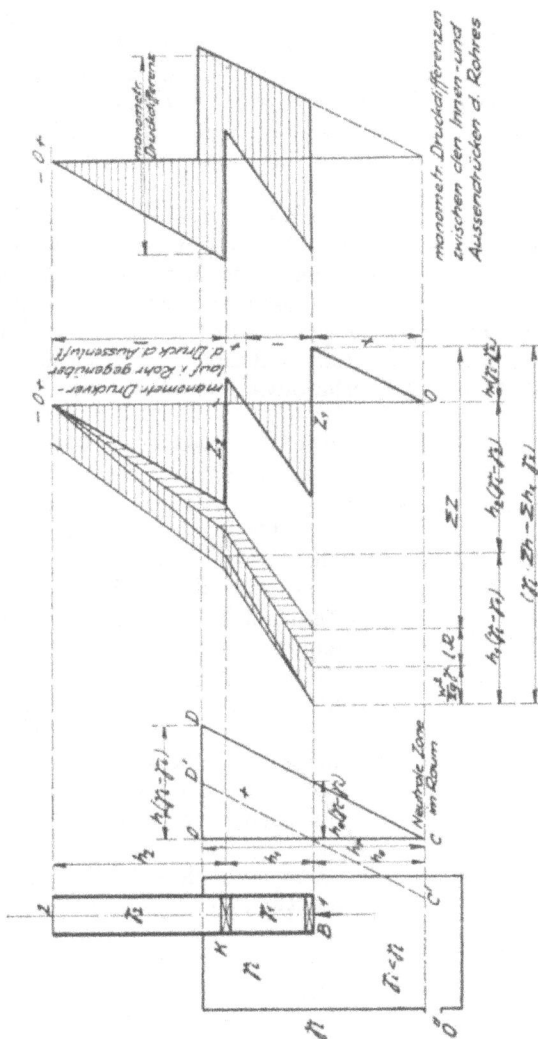

Abb. 33.

wandert. Je nach Höhe der neutralen Zone im Raum liegt die Eintrittsöffnung B des Badeofens unter verschiedenem Druck, und zwar Über- oder Unterdruck. Beide Fälle sind möglich. Überdruck an der Eintrittsstelle vermehrt, Unterdruck vermindert die Energie zur Fortbewegung des Gases durch Badeofen und Abgasrohr (vgl. 21. Beispiel).

Der manometrische Druckverlauf im Rohr ist in Abb. 33 einmal so dargestellt, daß die Drücke im Rohr mit dem Druck der Außenluft verglichen werden, das andere Mal in der Weise, daß die jeweiligen Druckdifferenzen zwischen den Innen- und Außendrücken des Rohres dargestellt sind. Aus dem Vergleich der beiden Druckverläufe ist zu erkennen, daß es durchaus nicht gleichgültig ist, wo das Meßinstrument zum Messen des manometrischen Druckes im Rohr sich befindet. Steht das Meßinstrument im Freien außerhalb des Raumes, so erhält man den Druckverlauf nach dem ersten Diagramm (Innendruck gegenüber der Atmosphäre); steht das Meßinstrument im Raum, so mißt man den Innendruck des Rohres gegenüber dem an dem Standort des Instruments befindlichen Druck im Raum. Verwendet man längere Schläuche vom Instrument zur Meßstelle, so ist zu beachten, was für Luft sich im Schlauch befindet, da durch den Auf- bzw. Abtrieb dieser Luftsäule im Schlauch das Meßergebnis beeinflußt wird.

In dem Fall, daß Öffnungen im Rohr vorhanden sind (Zugunterbrecher), kommt für die Strömungsrichtung in diesen Öffnungen allein die Druckdifferenz zwischen Abgasen und der das Rohr umgebenden Luft in Frage. Ob Zugunterbrecher Luft ein- oder Abgase austreten lassen, hängt also nur von dem positiven oder negativen Ausfall der Druckdifferenz ab (s. rechtes Diagramm).

Aus dem in Abb. 33 dargestellten Beispiel der Lage der neutralen Zone im Raum lassen sich die Druckverhältnisse bei anderer Lage der neutralen Zone leicht ermitteln.

Die Neigung der Geraden für den Druckverlauf im Raum gegen die Vertikale ist um so größer je größer der Unterschied in den Raumgewichten bzw. den Temperaturen der Innen- und Außenluft ist. Die Größe der maximalen Druckdifferenzen zwischen Innen- und Außenluft hängt außerdem von der Höhe der Räume ab. Bei normalen Stockwerkshöhen sind die sich bildenden kleinen Druckdifferenzen von geringem Einfluß auf die Kaminwirkung, zumal bei Gasgeräten die Unterbrecheröffnung meist in der oberen Hälfte der Raumhöhe, also in Überdruck liegt. Anders werden die Verhältnisse, wenn die Raumhöhe groß ist. Auf ein praktisches Beispiel angewendet, sieht hier der Fall etwa folgendermaßen aus: Ein hohes mit Zentralheizung versehenes Gebäude, welches im Innern einen durchgehenden Schacht (Treppenhaus, Lichtschacht oder dgl.) hat — also etwa ein Warenhaus oder Theater — habe einen am Erd-

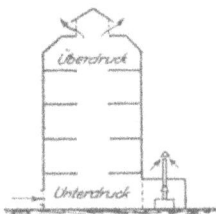

Abb. 34.

boden gelegenen Küchenanbau, in welchem ein Großgasherd mit oberer Abgasabführung aufgestellt sei. Die Abgasleitung des Herdes sei direkt durch das Dach des Anbaues nach Außen geführt und durchaus sachgemäß angelegt (vgl. Skizze Abb. 34). Wird bei kalter Witterung das Haus geheizt, so ist unten im Gebäude Unterdruck, oben Überdruck. Unten zieht es daher hinein, oben drückt es die Warmluft hinaus. Hat der Küchenanbau etwa durch eine offene Tür mit dem Gebäudeinnern Verbindung, so steht der Anbau unter Unterdruck. Der Unterdruck kann viel größer sein als der im Kamin erzeugbare Auftrieb. Durch den Abzugskamin würde unter dieser Voraussetzung von außen Kaltluft eintreten, welche an der Unterbrecheröffnung mit den von unten aufsteigenden Abgasen des Herdes in den Küchenraum austritt. (Wäre kein Unterbrecher vorgesehen, so wäre die Strömungsrichtung der Abgase und Luft im Herd der normalen umgekehrt: Luftzufuhr durch das Abgasrohr, Abgasabführung durch die Luftlöcher im Herd. Die Verbrennung des Gases würde hierbei kaum vollkommen sein!) Eine Abführung der Abgase nach außen ist unter diesen Verhältnissen nicht möglich, der Kamin arbeitet nicht. Wird durch Schließen der Tür zwischen Gebäudeinnerem und Anbau die Verbindung der Räume aufgehoben, so könnten die Abgase durch den Kamin abziehen, wenn der Küchenraum etwa durch ein offenes Fenster mit der Außenluft in Verbindung steht und der Kamin nicht zu kalt geworden ist. Nur gute Belüftung des Küchenanbaus (mittels Ventilators Warmluft in den Anbau drücken) oder durch Einschaltung einer Luftschleuse zwischen beide Räume (Doppeltüren) ließe sich Abhilfe für das Versagen des Kamins schaffen. Die Schleusenkammer würde zweckmäßig mit der Außenluft durch geräumige Kanäle verbunden. Wenn der Herd im oberen Teil des Gebäudes stände, würden die Abgase außer durch eigenen Auftrieb noch durch Überdruck durch den Kamin ins Freie gedrückt. Im Sommer dagegen wird die Abführung der Abgase des Herdes auch im unten gelegenen Anbau störungsfrei vonstatten gehen. Es ist im Sommer eine andere Druckverteilung im Gebäude möglich, und zwar umgekehrt wie im Winter, wenn bei nicht ausgeglichenen Raum- und Außentemperaturen die Innenluft kühler ist als die Außenluft.

C. Versuche über den manometrischen Druckverlauf in Abgasrohren.

1. **Zweck der Versuche.** Die Versuche dienen zur Erläuterung der vorhergehenden Abschnitte V A und V B, in denen die Frage des manometrischen Druckverlaufs vom rein theoretischen Standpunkt erörtert ist.

2. **Versuchsanordnung.** In ein senkrecht aufgestelltes Rohr aus Pappe von 136 mm l. Dmr. (145 cm² Querschnitt) und 3,0 m Länge, in welches an verschiedenen Stellen Einzelwiderstände in Form von Sieben mit verschiedenen Maschenweiten eingebaut waren, wurden warme Abgase von unten eingeleitet, die unter dem Einfluß des Auftriebes im Rohr nach oben strömten. Das Rohr war über seine ganze Länge mit einer Anzahl von Löchern von etwa 8 mm Dmr. versehen, durch welche ein stumpf abgeschnittenes Glasröhrchen zur Messung des Innendruckes bis zur Achse des Rohres geschoben wurde. Das Glasrohr selbst war mit einem empfindlichen Druckmesser verbunden. Außerdem wurden noch Temperaturmessungen am Ein- und Austritt der Abgase gemacht und die Abgasgeschwindigkeit am Austritt mittels Anemometers festgestellt.

Es wurden folgende Versuche gemacht:

a) Versuch am Rohr ohne eingebaute Widerstände,

b) Versuch am Rohr mit zwei eingebauten Einzelwiderständen bei geringer Abgastemperatur,

c) desgl. bei hoher Abgastemperatur,

d) Versuch am Rohr mit drei eingebauten Widerständen, von denen einer am Austritt lag.

Die Lage der Meßstellen im Rohr geht aus der Skizze auf Diagramm Abb. 35 hervor. Zwischen den Meßstellen *3* und *4* war ein Sieb von enger, zwischen *6* und *7* ein Sieb mit etwas weiterer und bei Meßstelle *9* ein Sieb mit sehr enger Maschenweite eingebaut.

3. Meßergebnisse.

Zahlentafel 3.

Meß-stelle	Gemessene Drücke in $1/100$ mm W.-S.									Temperatur °C		Geschw. in m/min.
	1	2	3	4	5	6	7	8	9	unten	oben	
Vers. a	− 85	− 57	− 51	− 47	− 37,5	− 20	−· 18	−· 10	0	187	136	175
„ b	− 25	− 3	+ 8	− 41	−· 24	− 5	− 18	− 11	0	164	120	100
„ c	−· 31	− 2	+ 14	− 50	−· 30	−· 5	− 25	− 14	0	235	183	119
„ d	− 13	+ 16	+ 30	− 7,5	+ 15	+ 44	+ 37	+ 54	70	284	214	63

Die umgebende Luft hatte eine Temperatur von 15° C. Der Barometerstand betrug 715 mm Q.-S.

4. Versuchsauswertung. Die Ergebnisse der Druckmessungen sind zur Aufstellung der Diagramme der Abb. 35 benutzt. Die übrigen Meßergebnisse lassen sich zur Aufstellung folgender Zahlentafel 4 verwerten:

Zahlentafel 4.

Versuch	a	b	c	d
Mittlere Innentemperatur °C	162	142	209	249
Abgasmenge cbm/sec.	0,0423	0,0242	0,0287	0,0152
Raumgewichtsdiff. kg/cbm $=$ mm W.-S./m	0,42	0,39	0,48	0,515
Gesamter Auftrieb mm W.-S.	1,26	1,17	1,44	1,545
Mittl. Raumgew. d. Abg. kg/cbm	0,727	0,762	0,656	0,605
Dynamischer Druck $\frac{w^2}{2\,g}\,\gamma_g$ mm W.-S. .	0,315	0,108	0,132	0,034
Gesamte Rohrreib. $R \cdot l$ mm W.-S. . . .	0,196	0,089	0,084	0,023
Restbetrag für ΣZ . . . . $\Sigma Z = 3\,(\gamma_l - \gamma_g) - (\frac{w^2}{2\,g}\,\gamma_g + R \cdot l)$ mmW.-S.	0,75	0,97	1,22	1,49

Als mittlere Abgastemperatur ist das arithmetische Mittel aus der Eintritts- und Austrittstemperatur genommen, obwohl — genau genommen — infolge des nach einer log. Linie sich vollziehenden Temperaturverlaufs die Rechnung nicht ganz richtig ist. Der Unterschied ist aber nicht sehr groß, so daß er hier nicht berücksichtigt werden soll. Die Raumgewichtsdifferenz ist aus Diagramm Abb. 39 bei 715 mm Q.-S. Barometerstand abgegriffen. Der Gesamtauftrieb ist durch Multiplikation der Raumgewichtsdifferenz mit der Höhe $h = 3$ m des Rohres errechnet. Das Raumgewicht der Abgase ist aus Diagramm Abb. 39 abgelesen. Der dynamische Druck $\frac{w^2}{2\,g}\,\gamma_g$ ist aus den bekannten Zahlenwerten dieser Gleichung errechnet. Die gesamte Rohrreibung ist mittels Diagramm Abb. 42 bestimmt; die bei der betreffenden Abgasmenge für ein Rohr von 136 mm l. Dmr. abzulesenden Werte sind unter Berücksichtigung der Verschiedenheit der Raumgewichte (im Diagramm Abb. 42 ist ein Raumgewicht von 0,8 kg/m³ zugrunde gelegt!) mit der Länge des Rohres (3 m) multipliziert und ergeben die Zahlenwerte für die Rohrreibung vorstehender Zahlentafel 4. Für die Einzelwiderstände ΣZ bleibt dann der Betrag: Auftrieb — (dynamischer Druck + Rohrreibung) übrig; dieser Betrag muß mit der Summe der gemessenen Einzelwiderstände übereinstimmen und tut es auch, wie man sich leicht auf Diagramm Abb. 35 überzeugen kann. Daß die Meßpunkte für den Druckverlauf in den unteren Teilen der Diagramme nicht so gut in die unter Annahme einer konstanten Raumgewichtsdifferenz gezeichneten

Geraden für den manometrischen Druckverlauf hineinfallen wie in den oberen Teilen, liegt eben daran, daß tatsächlich die Linien für den Auftrieb nicht Gerade — wie gezeichnet — sondern wegen des log. Temperaturverlaufs im Rohr log. Kurven mit geringer Abweichung von einer Geraden sind. Diese Abweichung von der Geraden ist im unteren Teil des Rohres, wo der größere Temperaturabfall ist, stärker als oben (vgl. die Temperaturverlaufskurven auf Abb. 71).

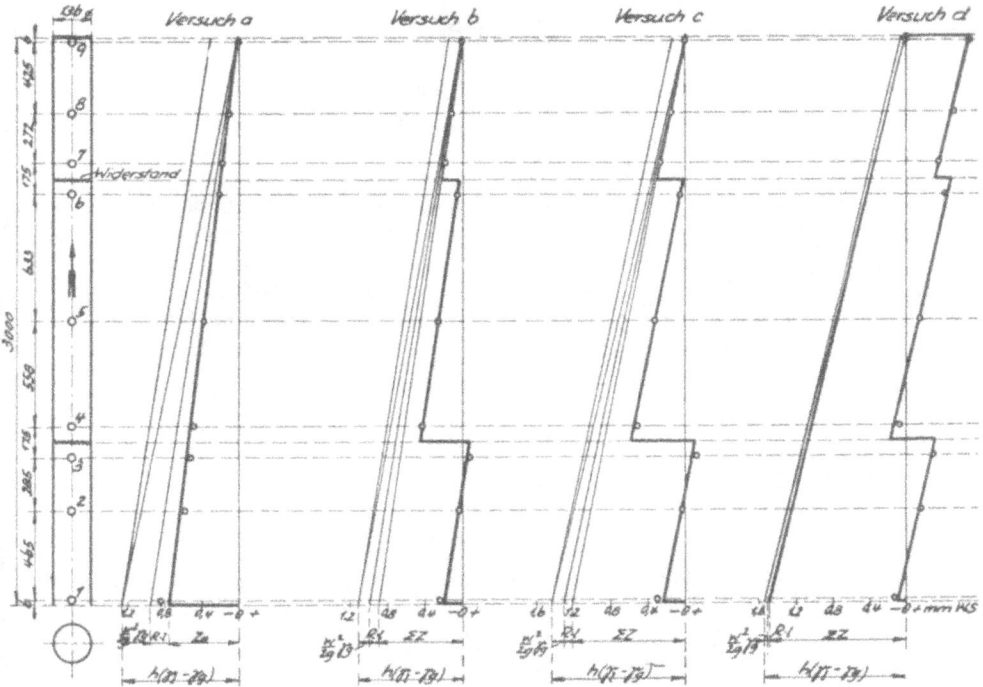

Abb. 35. Versuche zur Messung des manometrischen Druckverlaufs in einem Rohr.

Die gesamte zur Verfügung stehende Auftriebsenergie verteilt sich bei den einzelnen Versuchen folgendermaßen:

Zahlentafel 5.

Versuch	a	b	c	d
Gesamtauftrieb . . . . %	100	100	100	100
Dynamischer Druck . . . . %	25,0	9,4	9,2	2,2
Rohrreibung . . . . %	15,5	7,6	5,8	1,5
Einzelwiderstände . . . . %	59,5	83,0	85,0	96,3

Daß der überwiegende Anteil an Auftriebsenergie zur Überwindung der Einzelwiderstände aufgezehrt wird, dürfte aus dieser Zusammenstellung klar hervorgehen.

Über die Beschreibung eines Demonstrationsapparates zur Darstellung des manometrischen Druckverlaufs in Rohrleitungen vgl. Abschnitt XII.

VI. Der durch Abgase von Gasfeuerstätten erzeugte Auftrieb.

Der Auftrieb ist das Produkt aus Höhe h (in m) der Gassäule mal der Differenz der mittleren Raumgewichte (in kg/m³) zweier Gase, von denen gewöhnlich das eine die Außenluft und das andere das Verbrennungsgas von Feuerungen ist. Die Höhe h soll zunächst außer acht gelassen werden, sie gewinnt erst später bei der Berechnung von Abgaskaminen an Bedeutung. Der von den Abgasen erzeugte Auftrieb wird daher für $h = 1$ m ermittelt; zur Berechnung des Gesamtauftriebes braucht später nur noch mit h multipliziert zu werden. Der Auftrieb pro m Höhe ist dann gleich der Differenz der Raumgewichte der Luft und des Abgases, und es kommt nun darauf an, festzustellen, wie groß die Raumgewichte unter den verschiedensten Verhältnissen sind.

a) Raumgewicht der Luft (vgl. Hütte Aufl. 23, Bd. 1, S. 402).

1 m³ trockene Luft wiegt bei 760 mm Q.-S. und 0⁰ C 1,293 kg. Das Gewicht ändert sich proportional mit dem Druck p mm Q.-S. und umgekehrt proportional mit der abs. Temperatur:

$$\gamma_l = 1{,}293 \cdot \frac{p}{760} \cdot \frac{273}{T_l} \text{ kg/m}^3.$$

Diese Gleichung gilt jedoch nur für trockene Luft. Enthält diese noch Wasserdampf, so ändert sich das Raumgewicht. Die Aufnahme von Wasserdampf ist bekanntlich nicht unbegrenzt, sondern 1 m³ bzw. 1 kg trockene Luft nimmt bei einer bestimmten Temperatur nur eine bestimmte maximale Wasserdampfmenge auf; man nennt die Luft dann mit Wasserdampf gesättigt. Die Luft kann auch weniger Wasserdampf enthalten, als der Sättigung entspricht; die Luft ist dann ungesättigt. Wird ungesättigte Luft abgekühlt, so muß sie eine Temperatur durchschreiten, bei der sie gesättigt ist. Diese Temperatur heißt die Taupunktstemperatur. Bei Abkühlung der Luft unter die Taupunktstemperatur muß notwendig Wasser ausgeschieden werden. Der Wasserdampfgehalt von gesättigter Luft bei verschiedenen Temperaturen und Drücken geht aus Zahlentafel 6 hervor. Der Wasserdampfgehalt ist in g pro 1 kg bzw. 0,773 Nm³ (= 0/760) trockener Luft zwischen den Temperaturen 0 und 80⁰ C und den Drücken 680 bis 790 mm Q.-S. angegeben. Ebenso ist die Spannung des Wasserdampfes in mm Q.-S. und das Gewicht von 1 m³ Wasserdampf in g bei der betreffenden Temperatur in die Zahlentafel aufgenommen. Die Zahlentafel läßt sich auch in der Weise benutzen, daß man bei einem gegebenen Druck in mm Q.-S. und einem bekannten Wassergehalt die Taupunktstemperatur bestimmt. Die Anwendung der Tabelle für diesen Zweck kommt bei der Taupunktstemperaturbestimmung von Verbrennungsgasen oft vor.

Das Raumgewicht der feuchten Luft ist geringer als das der trockenen Luft bei sonst gleicher Temperatur und gleichem Druck, weil das Gewicht des

Zahlentafel 6.
Wassergehalt gesättigter Luft (g/kg trockene Luft).

Temperatur	Spannung des Wasserdampfes mm Q.-S.	Gewicht von 1 m³ Dampf g	Druck der Luft in mm Q.-S.											
			680	690	700	710	720	730	740	750	760	770	780	790
0	4,600	4,9	4,2	4,2	4,1	4,1	4,0	3,9	3,9	3,8	3,8	3,7	3,7	3,6
1	4,940	5,2	4,6	4,5	4,4	4,4	4,3	4,2	4,2	4,1	4,1	4,0	4,0	3,9
2	5,302	5,6	4,9	4,8	4,7	4,7	4,6	4,6	4,5	4,4	4,4	4,3	4,3	4,2
3	5,687	6,0	5,2	5,2	5,1	5,0	5,0	4,9	4,8	4,8	4,7	4,6	4,6	4,5
4	6,097	6,4	5,6	5,5	5,5	5,4	5,3	5,2	5,2	5,1	5,0	5,0	4,9	4,8
5	6,534	6,8	6,0	5,9	5,9	5,8	5,7	5,6	5,5	5,5	5,4	5,3	5,3	5,2
6	6,998	7,3	6,5	6,4	6,3	6,2	6,1	6,0	5,9	5,9	5,8	5,7	5,6	5,6
7	7,492	7,7	6,9	6,8	6,7	6,6	6,5	6,5	6,4	6,3	6,2	6,1	6,0	6,0
8	8,017	8,3	7,4	7,3	7,2	7,1	7,0	6,9	6,8	6,7	6,6	6,5	6,5	6,4
9	8,574	8,8	8,0	7,8	7,7	7,6	7,5	7,4	7,3	7,2	7,1	7,0	6,9	6,8
10	9,165	9,4	8,5	8,4	8,3	8,1	8,0	7,9	7,8	7,7	7,6	7,5	7,4	7,3
11	9,762	10	9,1	8,9	8,8	8,7	8,5	8,4	8,3	8,2	8,1	8,0	7,9	7,8
12	10,457	11	9,7	9,6	9,4	9,3	9,2	9,0	8,9	8,8	8,7	8,6	8,5	8,3
13	11,162	11	10,4	10,2	10,1	9,9	9,8	9,7	9,5	9,4	9,3	9,2	9,0	8,9
14	11,908	12	11,1	10,9	10,8	10,6	10,5	10,3	10,2	10,0	9,9	9,8	9,7	9,5
15	12,699	13	11,8	11,7	11,5	11,3	11,2	11,0	10,8	10,7	10,6	10,4	10,3	10,2
16	13,536	14	13	12	12	12	12	12	12	11	11	11	11	11
17	14,421	14	13	13	13	13	13	13	12	12	12	12	12	12
18	15,357	15	14	14	14	14	14	13	13	13	13	13	13	12
19	16,346	16	15	15	15	15	14	14	14	14	14	13	13	13
20	17,391	17	16	16	16	16	15	15	15	15	15	14	14	14
21	18,495	18	17	17	17	17	16	16	16	16	16	15	15	15
22	19,659	19	19	18	18	18	17	17	17	17	17	16	16	16
23	20,888	20	20	19	19	19	19	18	18	18	18	17	17	17
24	22,184	22	21	21	20	20	20	19	19	19	19	18	18	18
25	23,550	23	22	22	22	21	21	21	20	20	20	20	19	19
26	24,988	24	24	23	23	23	22	22	22	21	21	21	21	20
27	26,505	26	25	25	24	24	24	23	23	23	22	22	22	22
28	28,101	27	27	26	26	25	25	25	25	24	24	24	23	23
29	29,782	29	28	28	28	27	27	26	26	26	25	25	25	24
30	31,518	30	30	30	29	29	29	28	28	27	27	27	26	26
31	33,406	32	32	32	31	31	30	30	29	29	29	28	28	27
32	35,359	34	34	34	33	33	32	32	31	31	30	30	30	29
33	37,411	35	36	36	35	35	34	34	33	33	32	32	31	31
34	39,565	37	38	38	37	37	36	36	35	35	34	34	33	33
35	41,827	39	41	40	40	39	38	38	37	37	36	36	35	35
36	44,201	41	43	43	42	41	41	40	40	39	38	38	37	37
37	46,691	44	46	45	45	44	43	43	42	41	41	40	40	39
38	49,302	46	49	48	47	46	46	45	44	44	43	43	42	41
39	52,039	48	52	51	50	49	48	48	47	46	46	45	44	44
40	54,906	51	55	54	53	52	51	51	50	49	49	48	47	46
			680	690	700	710	720	730	740	750	760	770	780	790

Zahlentafel 6.
Wassergehalt gesättigter Luft (g/kg trockene Luft). (Fortsetzung.)

Temperatur	Spannung des Wasserdampfes mm Q.-S.	Gewicht von 1 m³ Dampf g	Druck der Luft in mm Q.-S.											
			680	690	700	710	720	730	740	750	760	770	780	790
41	57,910	53	58	57	56	55	54	54	53	52	51	51	50	49
42	61,055	56	61	60	59	59	58	57	56	55	54	54	53	52
43	64,346	59	65	64	63	62	61	60	59	58	58	57	56	55
44	67,790	62	69	68	67	66	65	64	63	62	61	60	59	58
45	71,391	65	73	72	71	70	69	68	67	66	65	64	63	62
46	75,158	68	77	76	75	74	73	71	70	69	68	67	66	65
47	79,093	72	82	81	79	78	77	76	75	73	72	71	70	69
48	83,204	75	87	85	84	83	81	80	79	78	76	75	73	72
49	87,499	79	92	90	89	87	86	85	83	82	81	80	79	77
50	91,982	82	97	96	94	93	91	90	88	87	86	84	83	82
51	96,661	86	103	101	100	98	96	95	93	92	91	89	88	87
52	101,543	90	109	107	105	104	102	100	99	97	96	94	93	92
53	106,636	95	116	114	112	110	108	106	105	103	101	100	98	97
54	111,945	99	122	120	118	116	114	113	111	109	107	106	104	103
55	117,478	104	130	128	125	123	121	119	117	115	114	112	110	109
56	123,244	108	138	135	133	131	128	126	124	122	120	118	117	115
57	129,251	113	146	143	141	138	136	134	132	129	127	125	123	122
58	135,505	119	155	152	149	147	144	142	139	137	135	133	131	129
59	142,015	124	164	161	158	155	153	150	148	145	143	140	138	136
60	148,791	130	174	171	168	165	162	160	157	154	152	149	147	144
61	155,839	136	185	182	178	175	172	169	166	163	161	158	155	153
62	163,170	142	196	193	189	186	182	179	176	173	170	167	164	162
63	170,791	148	209	205	201	197	193	190	187	183	180	177	174	172
64	178,714	154	222	218	213	209	205	202	198	195	191	188	185	182
65	186,945	161	236	231	226	222	218	214	210	206	203	199	196	193
66	195,496	168	251	246	241	236	232	228	224	220	215	212	208	205
67	204,376	175	267	262	256	251	246	242	237	233	229	225	221	217
68	213,596	182	284	279	273	267	262	257	252	247	243	238	234	230
69	223,165	190	304	297	291	285	279	274	268	263	258	254	249	245
70	233,093	198	324	317	310	304	298	292	286	280	275	270	265	260
71	243,393	207	347	339	331	324	318	311	305	299	293	288	282	277
72	254,073	215	370	362	354	346	338	332	324	318	312	306	300	294
73	265,147	225	398	388	380	371	363	355	347	340	334	327	320	314
74	276,624	233	427	416	406	397	388	380	371	364	356	349	342	335
75	288,517	242	458	446	436	425	415	406	396	388	380	372	365	357
76	300,838	251	493	481	468	457	446	436	426	416	407	398	390	382
77	313,600	261	532	517	504	491	479	468	457	446	437	427	417	409
78	326,811	271	575	559	544	530	516	504	491	480	469	459	448	439
79	340,488	282	623	605	588	572	557	543	529	517	504	493	482	471
80	354,643	293	678	658	638	621	603	587	572	557	544	531	518	506
			680	690	700	710	720	730	740	750	760	770	780	790

Wasserdampfes kleiner als das Gewicht der trockenen Luft ist. Das Gewicht eines m³ feuchter Luft berechnet sich nach der Gleichung (vgl. Hütte):

$$\gamma_l = 1{,}293 \, \frac{p}{760} \cdot \frac{273}{T_l} - 0{,}000607 \cdot \gamma' \cdot \varphi \text{ kg/m}^3.$$

p bezeichnet den Druck des Gemisches (= der feuchten Luft) in mm Q.-S.,

T_l bezeichnet die abs. Temperatur des Gemisches,

γ' bezeichnet das Gewicht in g von 1 m³ trocken ges. Wasserdampf bei der abs. Temperatur T_l,

φ bezeichnet die relative Feuchtigkeit, d. h. das Verhältnis des tatsächlichen zum maximalen Wassergehalt bei der Temperatur T_l.

Die Werte von γ' enthält die Zahlentafel 6. φ schwankt zwischen 0 und 1.

b) **Raumgewicht der Abgase.** Wird ein Gas von der Zusammensetzung:

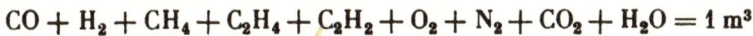

$$CO + H_2 + CH_4 + C_2H_4 + C_2H_2 + O_2 + N_2 + CO_2 + H_2O = 1 \text{ m}^3$$

verbrannt, so beträgt der zur vollkommenen Verbrennung benötigte Sauerstoff S_{min} (die chemischen Zeichen bezeichnen zugleich die Raumteile)

$$S_{min} = \frac{CO + H_2}{2} + 2\,CH_4 + 3\,C_2H_4 + 2{,}5\,C_2H_2 - O_2 \text{ m}^3$$

bzw. die erforderliche Luftmenge L_{min}:

$$L_{min} = \frac{S_{min}}{0{,}21} \text{ m}^3.$$

Als Verbrennungsgase ergeben sich, wenn mit L m³ Luft verbrannt ist:

Kohlensäure $= CO_2 + CO + CH_4 + 2\,C_2H_4 + 2\,C_2H_2 \text{ m}^3$
Sauerstoff $\quad= 0{,}21\,L - S_{min} \text{ m}^3$
Stickstoff $\quad= N_2 + 0{,}79\,L \text{ m}^3$
Wasserdampf $= H_2O + H_2 + 2\,CH_4 + 2\,C_2H_4 + C_2H_2 \text{ m}^3.$

Das Raumgewicht γ_{g_0} der trockenen Verbrennungsgase ist die Summe der Raumgewichte der Einzelgase, die jeweils mit dem anteiligen Volumen R m³ zu multiplizieren sind:

$$\gamma_{g_0} \Sigma R = \gamma_{g_1} \cdot R_1 + \gamma_{g_1} \cdot R_2 \ldots$$

$$\gamma_{g_0} = \frac{\Sigma R_x \cdot \gamma_{g_x}}{\Sigma R} \text{ kg/m}^3.$$

Bezeichnet γ_{g_0} das Raumgewicht der trockenen Abgase bei 0/760, so ist das Raumgewicht der feuchten Abgase bei p mm Q.-S. Druck und T_g abs. (entsprechend der Gleichung für die feuchte Luft):

$$\gamma_g = \gamma_{g_0} \cdot \frac{p}{760} \cdot \frac{273}{T_g} - 0{,}000607 \, \gamma' \cdot q \text{ kg/m}^3.$$

Die Raumgewichte der hier in Frage kommenden Einzelgase enthält nachstehende Zahlentafel 7.

Zahlentafel 7.

	Gewicht in kg von 1 m³ bei 0° C 760 mm Q.-S.
Luft	1,293
Sauerstoff	1,429
Stickstoff	1,251
Kohlenoxyd	1,250
Kohlensäure	1,964
Schweflige Säure . .	2,860
Wasserdampf . . .	0,804

Zur Erläuterung der vorstehenden Gleichungen sollen zwei Beispiele durchgerechnet werden, von denen sich das erste auf Generatorgas und das zweite auf ein Misch- bzw. Stadtgas bezieht. Beide Gasarten sind von normaler Zusammensetzung.

1. Beispiel: Generatorgas.

Das Gas habe folgende Zusammensetzung:

$$
\begin{array}{rl}
5,9 \text{ Vol.-\%} & CO_2 \\
28,5 \quad » & CO \\
12,8 \quad » & H_2 \\
0,3 \quad » & CH_4 \\
\underline{52,5 \quad »} & N_2 \\
100,0 \text{ Vol.-\%}.
\end{array}
$$

Der mit dem Kalorimeter festgestellte Heizwert des Gases sei: $H_0 = 1280$ WE/Nm³, $H_u = 1215$ WE/Nm³. Bei der Verbrennung von 100 Nl Gas ist erforderlich:

$$S_{min} = \frac{28,5 + 12,8}{2} + 2 \cdot 0,3 = 21,25 \text{ Nl } O_2 \text{ bzw. } 101,2 \text{ Nl Luft.}$$

Bei Zuführung dieser zur vollkommenen Verbrennung notwendigen Luftmenge entsteht pro Nm³ Gas folgende Abgasmenge:

$$
\begin{array}{lll}
\text{Kohlensäure:} & 5,9 + 28,5 + 0,3 = & 34,7 \text{ Nl } CO_2 \\
\text{Stickstoff:} & 52,5 + 0,79 \cdot 101.2 = & 132,4 \text{ Nl } N_2 \\
\hline
& & 167,1 \text{ Nl } (CO_2 + N_2) \\
\text{Wasserdampf: } 12,8 + 2 \cdot 0,3 & = & 13,4 \text{ Nl} = 10,78 \text{ g } H_2O.
\end{array}
$$

Es ist vorausgesetzt, daß weder das Gas noch die Verbrennungsluft Wasserdampf enthält.

Aus einem Nm³ Gas entstehen bei Verbrennung ohne Luftüberschuß 1,671 Nm³ trockene Abgase mit 20,76% CO_{2max} und 79,24% N_2 und 107,8 g Verbrennungswasser. Die theoretisch erforderliche Verbrennungsluftmenge ist 1,012 Nm³/Nm³ Gas.

Wird das Gas mit Luftüberschuß verbrannt, so erhöht sich die Abgasmenge um diesen Luftüberschuß, der jedoch an der Verbrennung nicht teilgenommen hat. Die bei der Verbrennung von 1 Nm³ Gas entstehende Kohlensäure-, Stickstoff- und Wasserdampfmenge ist also bei beliebigem Luftüberschuß immer dieselbe, der Überschuß ist nur Luft, die die Abgase verdünnt. Da der CO_2-Gehalt der Abgase leicht meßbar ist, beurteilt man die Verbrennungsvorgänge gewöhnlich nach dem CO_2-Gehalt. Es besteht zwischen dem CO_2-Gehalt der Abgase und der trockenen Abgasmenge Q folgende Beziehung, wenn die Abgasmenge bei Verbrennung von 1 Nm³ Gas ohne Luftüberschuß mit Q_0 bezeichnet wird:

$$Q = Q_0 \cdot \frac{CO_{2max}}{CO_2} \text{ Nm}^3/\text{Nm}^3 \text{ Gas.}$$

Die Einzelgase im Abgas haben ein Volumen von:

Kohlensäure: $Q_0 \cdot \dfrac{CO_{2max}}{100}$ Nm³/Nm³ Gas

Stickstoff: $Q_0 \left(1 - \dfrac{CO_{2max}}{100}\right)$ Nm³/Nm³ Gas

Luft: $Q - Q_0 = Q_0 \cdot \dfrac{CO_{2max} - CO_2}{CO_2}$ Nm³/Nm³ Gas.

Das Raumgewicht γ_{g_0} der trockenen Abgase ist daher nach Gleichung S. 45, wenn die Werte der Raumgewichte der Einzelgase aus Zahlentafel 7 eingesetzt werden:

$$\gamma_{g_0} = \frac{CO_{2max} \cdot 1{,}964 + (100 - CO_{2max}) \cdot 1{,}251 + 100 \dfrac{CO_{2max} - CO_2}{CO_2} \cdot 1{,}293}{\dfrac{CO_{2max}}{CO_2} \cdot 100} \text{ kg/Nm}^3$$

$$\gamma_{g_0} = 1{,}293 + \frac{CO_2}{100}\left(0{,}713 - \frac{4{,}2}{CO_{2max}}\right) \text{ kg/Nm}^3.$$

In diese Gleichung für CO_{2max} der Wert 20,76% und für CO_2 die Werte von 20,76 bis 0 eingesetzt, ergibt das in Zahlentafel 8 angegebene Raumgewicht der trockenen Abgase bei 0° C und 760 mm Q.-S.

Zahlentafel 8.

Tabelle für Generatorgas von 1280 WE/Nm³ ob. Heizwert.

CO_2	Luft-über-schuß	Abgasvolumen in m³/Nm³ Gas			Raumgewichte der Abgase kg/m³			g Wasser pro Nm³ trockenes Abgas	Tau-punkts-temp.
		trocken		feucht	trocken		feucht		
%	%	°/₇₆₀	100/₇₆₀	100/₇₆₀	°/₇₆₀	100/₇₆₀	100/₇₆₀		°C
20,76	0,0	1,671	2,282	2,468	1,397	1,022	0,989	64,5	40,5
18	25,3	1,927	2,632	2,818	1,383	1,011	0,985	55,9	38,10
16	49,3	2,170	2,965	3,150	1,375	1,004	0,9815	49,7	36,17
14	79,7	2,478	3,385	3,565	1,363	0,997	0,978	43,5	33,86
12	120,5	2,891	3,950	4,130	1,353	0,990	0,974	37,3	30,96
10	177,5	3,470	4,740	4,925	1,342	0,982	0,970	31,1	28,10
8	263,2	4,337	5,921	6,100	1,334	0,975	0,966	24,9	24,30
6	406,0	5,782	7,900	8,078	1,324	0,968	0,961	18,63	19,43
4	691,5	8,672	11,850	12,025	1,313	0,961	0,956	12,43	13,50
2	1548,0	17,350	23,700	23,880	1,304	0,954	0,952	6,21	3,50

Bei feuchten Abgasen ist zu beachten, daß der Wassergehalt der Abgase $= \dfrac{CO_2}{Q_0 \cdot CO_{2max}} \cdot 107{,}8$ g Wasser/Nm³ Abgas beträgt, woraus sich die Taupunktstemperatur des Abgases bei einem bestimmten CO_2-Gehalt bestimmen läßt. Die Zahlentafel 8 enthält außer den Raumgewichten des trockenen Gases bei 0 und 100° C die Raumgewichte der feuchten Abgase bei 100° C, die Taupunktstemperaturen und die Abgasvolumina des trockenen und feuchten Abgases bei 100°C von 1 Nm³ Gas. Auch der Luftüberschuß in % der theoretisch notwendigen Luftmenge ist noch aufgenommen.

Das Diagramm Abb. 36 stellt die Beziehungen der Tabellenwerte unter-einander nochmals anschaulicher dar.

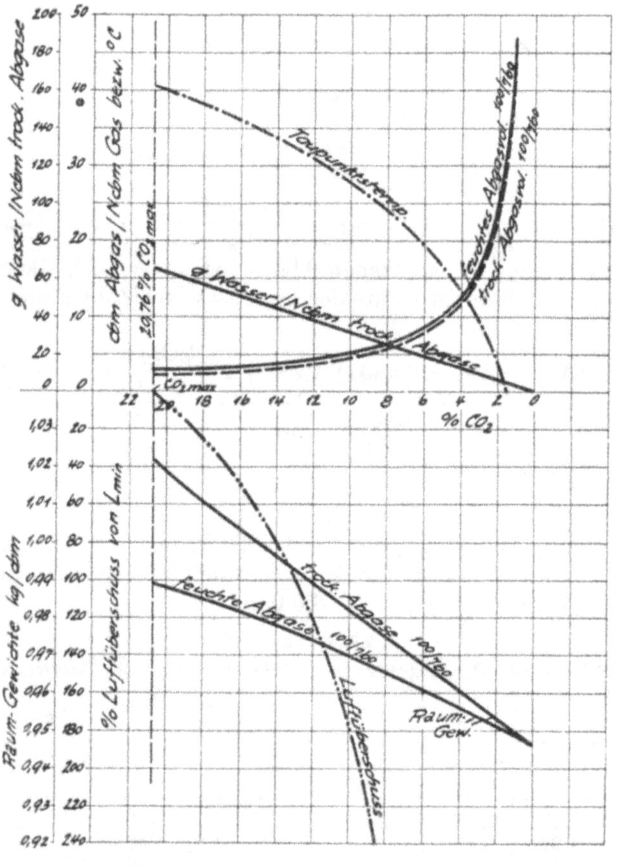

Abb. 36. Generatorgas.

Beziehungen zwischen:
CO₂-Gehalt
Abgasvolumen/Nm³ Gas

Taupunktstemp.
Wasserinhalt der Abgase
Raum-Gewichte

2. Beispiel: Stadtgas.

Das Stadtgas habe einen oberen Heizwert von 4200 WE/Nm³. 1 Nm³ Gas liefere bei vollkommener Verbrennung mit 3,525 Nm³ Luft (ohne Luftüberschuß) 3,2 Nm³ trockene Abgase mit 13% CO_{2max} und 700 g Verbrennungswasser.

Die Beziehungen zwischen dem CO_2-Gehalt einerseits und dem Abgas-volumen/Nm³ Gas, den Raumgewichten des trockenen und feuchten Abgases, dem Wasserinhalt und der Taupunktstemperatur andererseits sind in Zahlen-tafel 9 nach den vorstehenden Rechnungen zusammengestellt, wobei wiederum der Zusammenhang der Werte im Diagramm Abb. 37 nochmals dargestellt ist.

Zahlentafel 9.

Tabelle für Stadt-(Misch-)Gas von 4200 WE/Nm³ ob. Heizwert.

CO₂	Luft-überschuß	Abgasvolumen in m³/Nm³ Gas			Raumgewichte der Abgase kg/m³			g Wasser pro Nm³ trockenes Abgas	Tau-punkts-temp.
		trocken		feucht	trocken		feucht		
%	%	⁰/₇₆₀	¹⁰⁰/₇₆₀	¹⁰⁰/₇₆₀	⁰/₇₆₀	¹⁰⁰/₇₆₀	¹⁰⁰/₇₆₀		°C
13	0,0	3,20	4,37	5,52	1,343	0,982	0,901	219	62
12	8,44	3,47	4,74	5,91	1,338	0,979	0,903	202	60,5
11	18,12	3,78	5,16	6,34	1,334	0,976	0,905	185	59
10	30,0	4,16	5,68	6,86	1,330	0,973	0,908	168	57,5
9	44,4	4,62	6,31	7,49	1,326	0,970	0,911	151,5	55,5
8	62,5	5,20	7,11	8,28	1,322	0,967	0,914	134,7	53,5
7	85,6	5,94	8,11	9,32	1,318	0,964	0,917	117,8	51,0
6	116,6	6,93	9,46	10,67	1,314	0,961	0,920	101	48,5
5	160,0	8,32	11,37	12,56	1,310	0,958	0,9235	84,1	45,0
4	225,0	10,40	14,21	15,41	1,306	0,955	0,927	67,3	41,4
3	334,0	13,87	18,95	20,15	1,302	0,952	0,931	50,5	36,4
2	550,0	20,80	28,40	29,63	1,298	0,949	0,935	33,7	29,5
1	1200,0	41,60	56,80	58,20	1,294	0,947	0,940	16,8	18,0

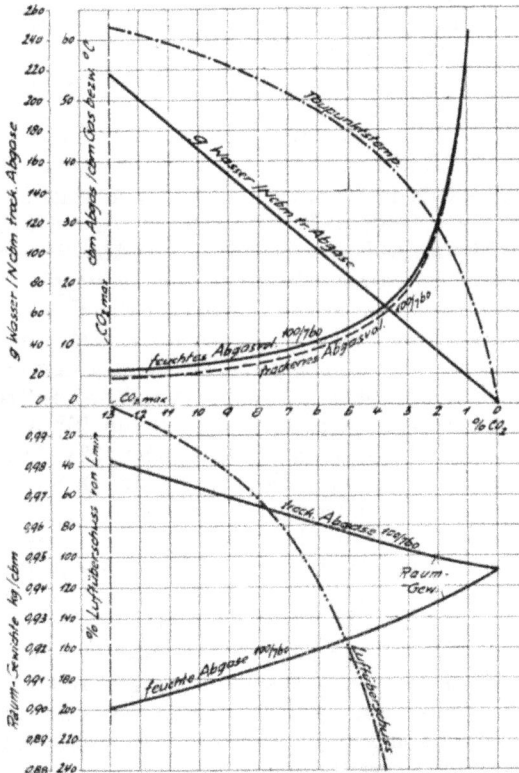

Abb. 37. Stadtgas.

Beziehungen zwischen: CO₂-Gehalt Abgasvolumen/Nm³ Gas, Taupunktstemp. Wasserinhalt der Abgase, Raum-Gewichte.

Schumacher, Auftriebsverhältnisse. 4

Aus dem Vergleich der beiden Diagramme Abb. 36 und 37 läßt sich erkennen, daß die Taupunktstemperaturen bei den Abgasen des Generator-
gases tiefer liegen als bei dem Stadtgas, daß ferner die Raumgewichte sowohl
der trockenen, als auch der feuchten Generatorgasabgase mit abnehmendem
CO_2-Gehalt geringer werden und bei den Stadtgasabgasen zwar das Gewicht
der trockenen Abgase — wenn auch in geringerem Maße — kleiner wird, aber
das Gewicht der feuchten Abgase zunimmt. Der Einfluß des Wasserdampfgehaltes in den Stadtgasabgasen auf das Gewicht ist größer als der Einfluß
des CO_2-Gehaltes bzw. der Verdünnung der Abgase durch Luft. Generatorgasabgase sind etwas schwerer als die Verbrennungsgase von Stadtgas.

In den beiden Zahlentafeln bzw. Diagrammen ist das Raumgewicht der
feuchten Abgase bei 100° C und 760 mm Q.-S. angegeben. Durch Multipli-
kation dieser Werte mit dem Faktor $\dfrac{p}{760} \cdot \dfrac{373}{T_g}$, wobei $p =$ Druck in mm Q.-S.,
$T_g =$ abs. Temperatur der Abgase ist, läßt sich das Gewicht bei beliebigem
Druck und Temperatur errechnen.

Das Raumgewicht der Abgase wird — wie vorstehend erläutert — vom
CO_2-Gehalt, vom Druck und von der Temperatur, das Raumgewicht der Luft
vom Druck, von der Temperatur und vom Feuchtigkeitsgehalt beeinflußt.
Der CO_2-Gehalt der Abgase ist bei solchen Gasgeräten, deren Abgase durch
Kamine abgeführt werden, nicht sehr unterschiedlich, so daß man mit einem
mittleren CO_2-Gehalt der Abgase von 14% bei Generatorgasverbrennung und
von 10% CO_2 bei Stadtgasverbrennung rechnen kann. Der Druck, unter
welchem Luft und Abgase stehen (Barometerstand), ist ebenfalls nicht von
großer Bedeutung; den stärksten Einfluß übt die Temperatur aus. Zur Ermittlung der Raumgewichte der feuchten und trockenen Abgase von Generatorgas bei 14% CO_2 und von Stadtgas bei 10% CO_2 zwischen den Grenzen 60 bis
400° C und 710 bis 770 mm Q.-S. sind die Diagramme Abb. 38 und 39 beigefügt,
die außerdem die Raumgewichte von trockener und gesättigter Luft enthalten.
Diese Diagramme geben einmal einen Einblick in die Gewichtsbeziehungen
zwischen Abgasen und Luft und gestatten ferner die Größe des pro m Höhe
erzeugten Auftriebes mit dem Zirkel abzugreifen und die abgegriffene Strecke
auf der seitlich angebrachten Skala direkt als mm W.-S. Auftrieb abzulesen.
Z. B. beträgt der Auftrieb eines Stadgasabgases von 10% CO_2 und 150° C
an einem Ort mit 760 mm Q.-S. Barometerstand und 15° C Außentemperatur
0,42 mm W.-S. pro m Höhe, an einem Ort mit 715 mm Q.-S. (München) unter
sonst gleichen Verhältnissen 0,40 mm W.-S; also fast 5% weniger; oder es
müßten die Abgase des in dem Ort mit geringerem Barometerstand aufgestell-
ten Gasbadeofens mit 160° C entweichen, um den gleichen Auftrieb im Kamin
zu erreichen wie in dem Ort mit 760 mm Q.-S. Barometerstand.

Die Abgastemperatur hängt wesentlich von der Konstruktion und Heiz-
flächengröße der Gasgeräte ab. Es kommen hier besonders die Warmwasserbereiter und unter diesen die Stromapparate in Frage. Je höher die Wärmeausnutzung bzw. der Wirkungsgrad der Apparate ist, desto geringer fallen
die Abgastemperaturen aus und umgekehrt. Die Firmen bauen ihre Apparate
nicht einheitlich im Wirkungsgrad; die einen streben hohe Wirkungsgrade, die
anderen absichtlich mäßige Wirkungsgrade an. Im Interesse der Herab-
setzung der Betriebskosten soll die Wärmeausnutzung zwar so hoch als nur
möglich sein, aber hinsichtlich einer einwandfreien Abführung der Abgase nur

mäßig. Und der letzte Grund ist sicher vorherrschend. Nichts ist unange-
nehmer und lästiger, als wenn die Abgase infolge zu geringen Auftriebes in den
Raum austreten. Hohe Abgastemperaturen haben außerdem den großen Vorteil, daß die Kondensation des Wasserdampfes im Abzugsrohr erschwert wird.
Schlechte Abführung der Abgase und Kondensation des Wasserdampfes sind
aber die übelsten und häufigsten Erscheinungen beim Betrieb von Warmwasser-
bereitern.

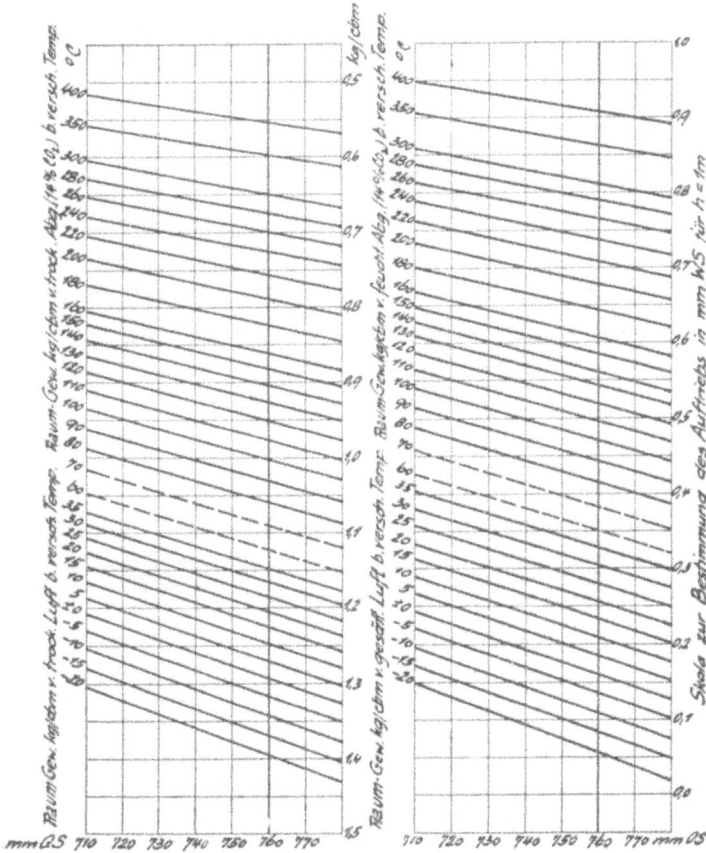

Abb. 38. Generatorgas.

Raum-Gewichte kg/m³ von trockner Luft und trocknen Abgasen	Raum-Gewichte kg/m³ von gesätt. Luft und feuchten Abgasen
Auftriebswerte von h = 1 m	Auftriebswerte von h = 1 m

Abgase von Generatorgas 1280 WE/Nm³ (Ho): 1,671 m³ trock. Abgas/Nm³ Gen. Gas bei theor.
Verbr., 107,8 g Wasser/Nm³ Gen. Gas, 20,76% CO_2 max Tabelle gilt für 14% CO_2.

Die Abgastemperaturen bei amerikanischen Stromapparaten liegen zwischen 200 und 250° C, bei deutschen Geräten etwa zwischen 80 und 180° C.
Der experimentell ermittelte Zusammenhang zwischen Leistung, Wirkungsgrad, Abgastemperaturen und CO_2-Gehalt bei Stromautomaten wird in den
Diagrammen Abb. 40 und 41 an zwei hervorragenden Vertretern dieser Geräte-

typen gezeigt. — Vgl. nachstehende Versuchsergebnisse. — Die angegebenen Wirkungsgrade sind auf den oberen Heizwert des Gases bezogen.

Bei der Normalleistung des Stromapparates a beträgt nach Diagramm Abb. 40 die Abgastemperatur etwa 125° C, bei dem gleichgroßen Apparat b etwa 160° C. Der Unterschied im Auftrieb ist nach Diagramm Abb. 39 bei

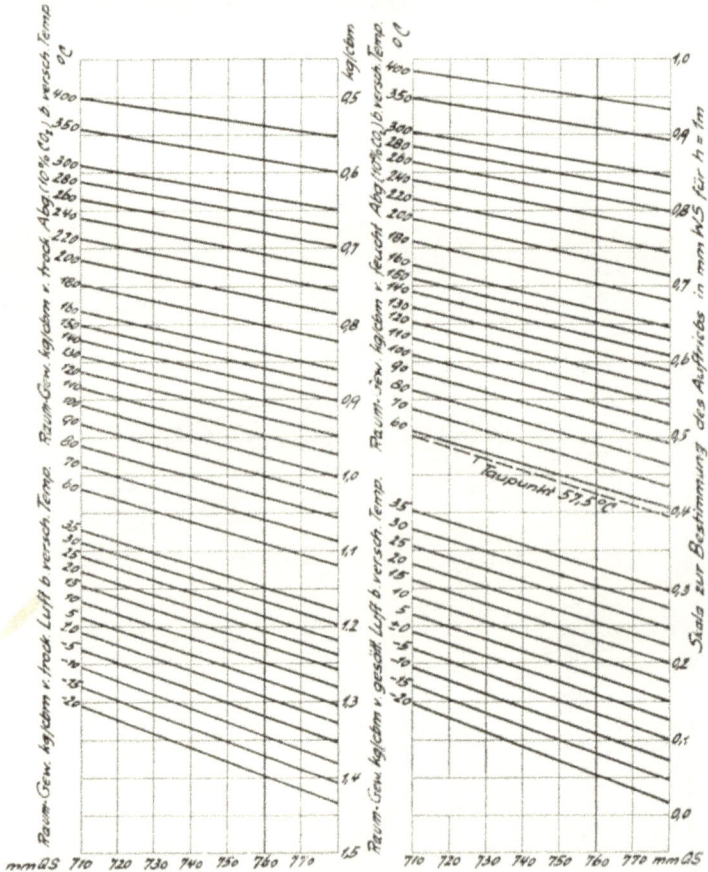

Abb. 39. Stadtgas.

Raum-Gewichte kg/m³ von trockner Luft und trocknen Abgasen	Raum-Gewichte kg/m³ von gesätt. Luft und feuchten Abgasen
Auftriebswerte von h = 1m	Auftriebswerte von h = 1m

Abgase von Heizgas 4200 WE/Nm³ (Ho): 3.2 m³ trock. Abgas/Nm³ Heizgas bei theor. Verbr., 700 g Wasser/Nm³ Heizgas, 13% $CO_{2\,max}$ Tabelle gilt für 10% CO_2.

15° C Außentemperatur etwa 0,37 gegenüber 0,44 mm W.-S./m, also bei dem letzteren um rd. 19% höher. Damit die Kamine den besonderen Eigenarten der Geräte angepaßt werden können, wäre es sehr zweckmäßig, wenn von den gängigen Gerätetypen ähnliche Diagramme wie Abb. 40 bzw. 41 hergestellt und den die Installation der Apparate überwachenden Stellen der Gaswerke zur Verfügung gestellt würden; oder aber man müßte die in Frage kommenden Geräte möglichst für einheitliche Abgastemperaturen bauen.

Die experimentellen Unterlagen zu den Diagrammen
Abb. 40 und 41.

1. Zweck des Versuches. Die Versuche, welche an Stromautomaten bisher gewöhnlich gemacht werden, beziehen sich auf die Ermittlung des Wirkungsgrades, der Abgastemperatur usw. bei nur ein oder zwei Einstellungen des

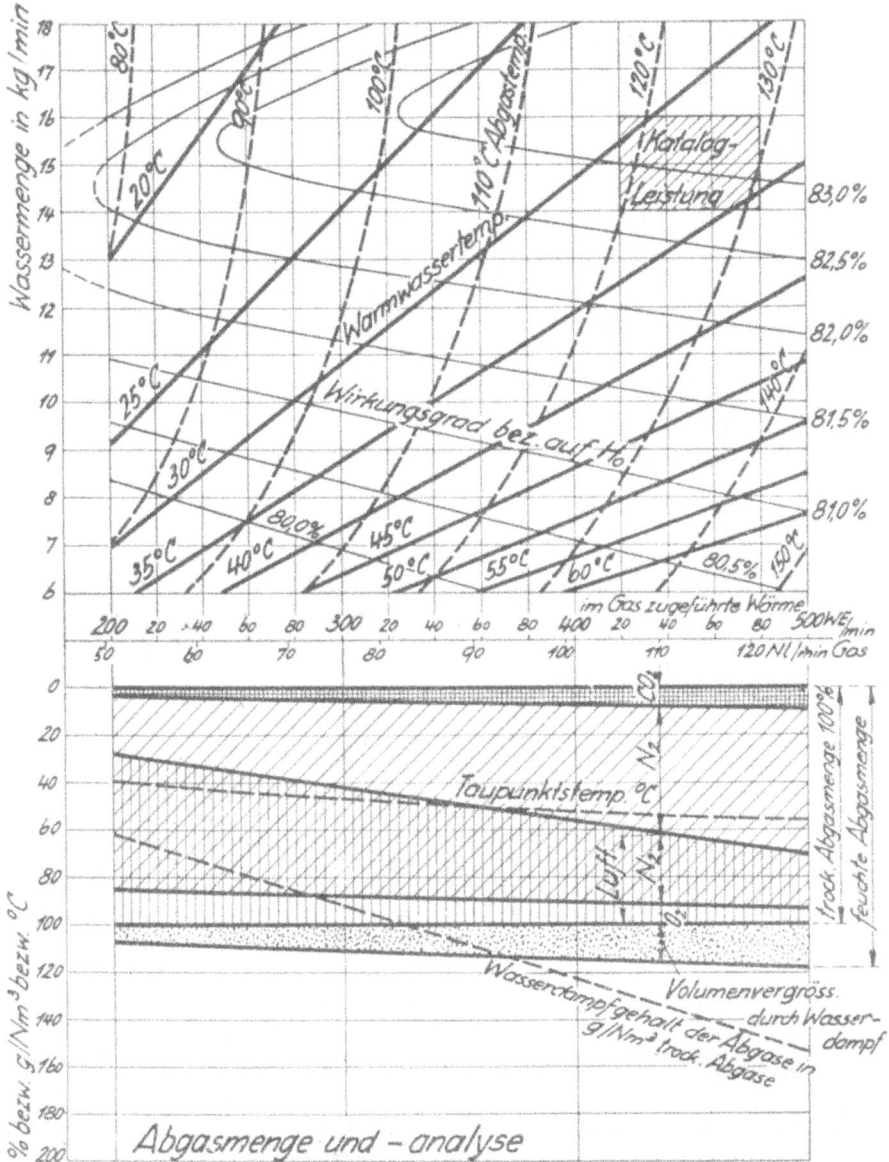

Abb. 40. **Stromapparat „a".**
Wasser-Eintrittstemperatur 7,5°C. Oberer Heizwert des Gases 3960 WE/Nm².

Apparates. Die charakteristischen Eigenschaften einés Apparates lassen sich jedoch auf diese Weise kaum ermitteln. Bei der praktischen Benutzung dieser Apparate ist die Einstellung der Wärmeleistung und der durchströmenden Wassermenge so verschieden, daß man diesen Verhältnissen auch bei Versuchen

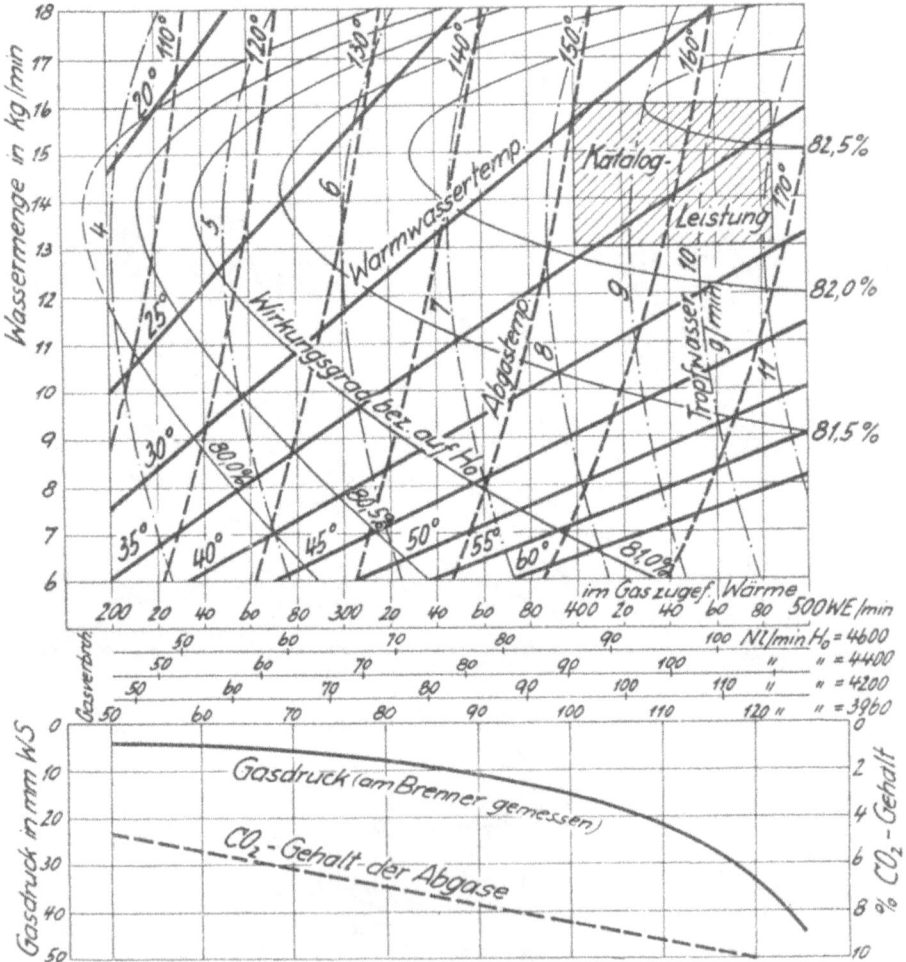

Abb. 41. **Stromapparat „b".** Wasser-Eintrittstemperatur 9,0°C.

Beziehungen zwischen:

Wassermenge . . . . in kg/min	Wirkungsgrad . . . . in %
Wärmeverbrauch . . . . . . in WE/min	Tropfwassermenge . . . . . in g/min
Warmwassertemperatur . . . in °C	Gasverbrauch bei versch. H° in Nl/min
Abgastemperatur . . . . . . in °C	CO$_2$-Gehalt der Abgase . . . in %
	Gasdruck . . . . in mm W.-S.

Rechnung tragen muß. Die Kenntnis der Zusammenhänge zwischen Abgastemperatur und Abgaszusammensetzung einerseits und der Wärmeleistung und der Wasserdurchflußmenge andererseits sind nicht nur für die Beurteilung des Apparates selbst sondern besonders auch für die Behandlung der Frage der

Abgasabführung erforderlich; denn die Apparate stoßen je nach ihrer Bauart, ihrer Wärmebeanspruchung und Wasserdurchflußmenge Abgase von verschiedener Zusammensetzung und Temperatur ab. Die an zwei verschiedenen Apparaten angestellten Versuche sollen zeigen, wie die Abhängigkeiten tatsächlich sind; in nur einem Diagramm sollen alle Variationen hinsichtlich Wärmeleistung und Wasserdurchflußmenge anschaulich dargestellt werden.

2. Versuchsanordnung. Bei den zu untersuchenden Apparaten wurden die im Gerät zwischen Lamellenheizfläche und Abgashaube vorgesehenen Zugunterbrecher durch Verkleben der Öffnungen unwirksam gemacht. Die Abgaszusammensetzung und die Abgastemperatur wurde in einem ca. 20 cm langen zylindrischen Blechstutzen, welcher auf der Abgashaube befestigt war, gemessen; und zwar die Abgaszusammensetzung mittels Orsatapparates, die Abgastemperatur mittels Quecksilberthermometers.

Die zugeführte Gasmenge wurde im geeichten Gasmesser unter Beobachtung der Gastemperatur und des Gasdruckes ermittelt, der Heizwert im Kalorimeter und die Gaszusammensetzung durch Analysieren festgestellt. Damit die Gaszufuhr während der Einzelversuche ganz gleichmäßig war, wurde vor das Gerät ein Gasdruckregler geschaltet.

Die durchfließende Wassermenge wurde gewogen. Damit der Durchfluß während der Einzelversuche konstant war, wurde das Wasser aus einem hochgelegenenen Überlaufgefäß genommen. Die Wassertemperaturen vor und nach dem Apparat wurden durch geeichte Thermometer mit $^1/_{10}$-Gradeinteilung gemessen.

Damit die Temperatur und der Feuchtigkeitsgehalt der Luft im Versuchsraum sich während der Versuche nicht änderte, war dafür gesorgt, daß die Abgase sich mit der Raum- bzw. der Verbrennungsluft nicht vermischen konnten. Die Raumluft selbst hatte einen sehr geringen Feuchtigkeitsgehalt, da die Luft von außen bei etwa 0^0 C entnommen und auf etwa 14^0 C durch Heizkörper erwärmt war.

3. Versuchsdurchführung. Jeder Einzelversuch bei einer bestimmten Einstellung des Apparates dauerte 10 Minuten. Der Versuch begann erst, nachdem der Beharrungszustand eingetreten war. Der Stand des Gasmessers wurde bei jedem Einzelversuch dreimal (bei Versuchsanfang, -mitte und -ende) abgelesen, der Gasdruck und die Gastemperatur einmal, die Abgastemperatur alle Minute, und zwar bei jeder ½ Minute, insgesamt zehnmal, die Wassertemperatur dreimal beim Eintritt und zehnmal beim Austritt. Bei einer konstanten Wasserdurchflußmenge wurde die Gaszufuhr nach jedem Einzelversuch so verändert, daß die Warmwassertemperatur sich um etwa 5^0 C veränderte, dann bei einer anderen Wasserdurchflußmenge (um etwa 2,0 kg/min von der vorhergehenden verschieden) wiederholt. Die Gaszusammensetzung änderte sich erfahrungsgemäß sehr wenig und wurde täglich einmal aus einer Sammelprobe bestimmt. Der Heizwert wurde etwa alle zwei Stunden einmal kontrolliert.

4. Meßwerte. Es sollen nur einige Versuchsnotierungen beim Versuch mit Apparat *b* als Beispiel aufgeführt werden (vgl. Zahlentafel 10). Beim Apparat *a* waren 26, beim Apparat *b* 28 Einzelversuche notwendig, um genügend Werte zur Aufstellung eines Diagrammes zu bekommen. Die Meßwerte dieser Versuche sind in den beiden Zahlentafeln 11 und 12 enthalten. Die Gasmengen sind in diesen beiden letzten Zahlentafeln bereits auf $^0/_{760}$ reduziert angegeben.

Zahlentafel 10. Versuchsnotierungen (Auszug) (Stromapparat „b").

Vers. Nr.	Zeit min	Stand des Gas-messers m³	Gas Druck W.-S. mm	Gas Temp. °C	Abgas Temp. °C	Abgas C_2O %	Eintritt t_{we} °C	Wasser Austritt t_{we} °C	Menge kg/ 10 min	Tropf-wasser-menge g/10 min
2	0	3,150			132,0		8,60	39,75		
	1				131,9			39,95		
	2	395			132,0			39,95		
	3				132,0			40,10		
	4				132,2			39,80		
	5	3,545	95	13,0	132,3	6,2	8,58	40,05	} 71,40	} 51,0
	6				132,3			40,10		
	7	394			132,2			39,85		
	8				132,5			40,10		
	9				132,5			39,70		
	10	3,939					8,55			
Mittel		0,789	95	13,0	132,16	6,2	8,58	39,94		
3	0	4,600			143,5		8,55	45,15		
	1				143,6			45,00		
	2	465			143,6			44,90		
	3				143,7			45,10		
	4				143,7			45,10		
	5	5,065	95	12,8	143,9	7,2	8,55	45,10	} 72,60	} 64,0
	6				143,8			45,10		
	7	465			143,9			45,30		
	8				143,0			45,15		
	9				142,8			45,00		
	10	5,530					8,55			
Mittel		0,930	95	12,8	143,65	7,2	8,55	45,09		
11	0	9,900			170,0		8,68	50,35		
	1				170,3			50,35		
	2	667			170,5			50,15		
	3				170,7			50,10		
	4				170,8			50,40		
	5	0,567	95	11,2	170,5	10,1	8,70	50,45	} 93,10	} 106
	6				170,8			50,65		
	7	668			170,9			50,60		
	8				171,0			50,40		
	9				170,7			50,60		
	10	1,235					8,85			
Mittel		1,335	95	11,2	170,3	10,1	8,74	50,405		
12	0	2,200			111,6		8,80	24,75		
	1				111,3			24,80		
	2	302			111,3			24,80		
	3				111,1			24,80		
	4				111,2			24,80		
	5	2,502	95	11,6	111,2	4,9	8,70	24,75	} 108,7	} 43
	6				111,2			24,70		
	7	303			111,1			24,75		
	8				110,9			24,60		
	9				110,9			24,60		
	10	2,805					8,66			
Mittel		0,605	95	11,6	111,2	4,9	8,72	24,74		

Barometerst. 715 mm Q.-S. Raumtemp. 18 °C. Heizwert des Gases $H_o = 3960$ WE/Nm³.

Zahlentafel 11.

Stromapparat „b". Mittelwerte.

Versuch-Nr.	Gas Verbr. Nm³/10 min	Gas erforderl. Druck a. Brenner mm WS	Abgas Temp. °C	Abgas CO₂ %	Tropfwasser g/10 min	Wasser Kaltw.-Temp. °C	Wasser Warmw.-Temp. °C	Wasser Menge kg/10 min	i. Gas zugeführt WE/10 min	i. Gas zugeführt %	a. d. Wasser abg. WE/10 min	a. d. Wasser abg. %	Abgasverlust WE/10 min	Abgasverlust %	Restverlust WE/10 min	Restverlust %	Stündl. Wärme-leistung im Gas zugef. WE/st
1	0,586	4,5	120	5,3	43	8,60	34,80	70,50	2320	100	1847	79,6	396	17,1	77	3,3	13920
2	0,706	6,0	132	6,2	51	8,58	39,94	71,40	2796	100	2240	80,1	470	16,8	86	3,1	16750
3	0,833	9,0	144	7,2	64	8,55	45,09	72,60	3300	100	2853	80,4	544	16,5	103	3,1	19800
4	0,950	13,5	154	8,2	73	8,57	50,40	72,95	3762	100	3050	81,1	612	16,3	100	2,6	22600
5	1,054	18,5	163	8,9	83	8,52	55,14	72,75	4174	100	3392	81,3	674	16,2	108	2,5	25000
6	1,157	27,0	171	9,7	95	8,53	59,84	72,60	4580	100	3724	81,3	732	16,0	124	2,7	27500
7	0,618	5,0	121	5,5	46,5	8,43	30,21	90,80	2448	100	1978	80,8	412	16,8	58	2,4	14700
8	0,752	7,0	134	6,6	60	8,48	34,87	91,80	2978	100	2423	81,4	492	16,5	63	2,1	17870
9	0,906	11,5	149	7,8	71	8,56	40,19	92,50	3585	100	2927	81,65	584	16,3	74	2,05	21500
10	1,040	18,0	159	8,9	84	8,64	44,84	93,00	4118	100	3368	81,8	657	16,0	93	2,2	24700
11	1,202	33,0	170	10,1	106	8,74	50,41	93,10	4760	100	3880	81,5	745	15,7	135	2,8	28600
12	0,544	4,0	111	4,9	43	8,72	24,74	108,70	2154	100	1740	80,75	364	16,9	50	2,35	12900
13	0,739	7,0	130	6,5	58	8,90	30,23	111,20	2926	100	2372	81,1	477	16,3	77	2,6	17550
14	0,901	11,5	145	7,8	71	9,02	34,86	112,20	3570	100	2898	81,2	574	16,1	98	2,7	21400
15	1,078	20,5	159	9,1	90	9,04	40,11	112,35	4270	100	3490	81,7	673	15,8	107	2,5	25600
16	1,246	43,0	172	10,4	113	9,05	45,27	111,30	4935	100	4030	81,7	765	15,5	140	2,8	29900
17	0,456	3,0	99	4,3	37,5	8,69	20,08	127,20	1805	100	1448	80,25	301	16,7	56	3,05	10830
18	0,647	5,0	120	5,8	52	8,61	25,01	128,00	2562	100	2099	81,9	419	16,3	44	1,8	15400
19	0,843	9,0	138	7,4	67	9,15	30,18	129,95	3340	100	2732	81,8	533	16,0	75	2,2	20200
20	1,032	17,0	154	8,8	85	9,09	34,81	130,50	4088	100	3356	82,1	644	15,7	88	2,2	20454
21	1,242	42,0	169	10,4	115	8,99	39,60	132,00	4920	100	4040	82,1	755	15,4	125	2,5	29500
22	0,534	4,0	106	4,8	43,5	8,59	19,94	149,85	2115	100	1700	80,3	351	16,6	64	3,1	12700
23	0,770	7,5	129	6,7	60	8,65	25,16	152,20	3050	100	2511	82,3	489	16,0	50	1,7	18300
24	0,984	15,0	148	8,4	78	8,90	29,92	152,65	3898	100	3206	82,3	614	15,8	78	1,9	23350
25	1,238	40,0	168	10,4	112	8,82	35,10	153,90	4900	100	4042	82,5	752	15,4	106	2,1	29400
26	0,601	5,0	112	5,4	44	8,78	19,90	169,60	2380	100	1883	79,2	388	16,3	109	4,5	14280
27	0,868	10,0	137	7,5	67	8,78	25,04	172,15	3438	100	2798	81,4	547	15,9	93	2,7	20600
28	1,123	24,0	158	9,3	93	8,94	30,10	172,95	4450	100	3657	82,2	690	15,5	103	2,3	26700

Gasbeschaffenheit: oberer Heizwert 3960 WE/N m³ · 1 N m³ Gas ergibt bei Verbrennung ohne Luftüberschuß 3,2 N m³ trock. Abgase mit 13% CO_2 max und 700 g Verbrennungswasser.

Zahlentafel 12.

Stromapparat „a" Mittel-Werte

Versuch-Nr.	Gas Verbr. Nm³/10 min	Gas erforderl. Druck a. Brenner mm WS	Abgas Temp. °C	Abgas CO₂ %	Tropfwasser kg/10 min	Wasser Kaltw. Temp. °C	Wasser Warmw. Temp. °C	Wasser Menge kg/10 min	Wärme (bezogen auf H₀) i. Gas zugeführt WE/10 min	%	a. d. Wasser abg. WE/10 min	%	Abgasverlust WE/10 min	%	Restverlust WE/10 min	%	Stündl. Wärmeleistung im Gas zugef. WE/st
1	0,608	16	98		0	7,6	34,90	70,5	2408	100	1924	79,90	428	17,8	56	2,30	14448
2	0,719	23	107		0	7,6	39,88	70,5	2847	100	2275	79,92	496	17,4	76	2,68	17082
3	0,832	31	116		0	7,6	45,00	70,5	3295	100	2640	80,10	566	17,2	89	2,70	19760
4	0,941	40	124		0	7,5	49,99	70,5	3725	100	2994	80,40	632	17,0	99	2,40	22350
5	1,048	50	133		0	7,5	54,92	70,5	4150	100	3343	80,55	700	16,9	107	2,55	24900
6	1,153	62	141		0	7,48	60,01	70,5	4563	100	3703	81,10	766	16,8	94	2,10	27350
7	0,631	17,5	94		0	7,45	29,96	90,0	2500	100	2026	81,00	430	17,2	44	1,80	15000
8	0,778	26,5	106		0	7,45	35,19	90,0	3080	100	2499	81,10	520	16,9	61	2,00	18500
9	0,913	37	117		0	7,5	40,00	90,0	3616	100	2925	80,90	605	16,7	86	2,40	21700
10	1,050	50	127		0	7,5	44,96	90,0	4158	100	3371	81,10	688	16,6	99	2,30	25100
11	1,183	66	138		0	7,5	50,00	90,0	4682	100	3825	81,70	753	16,1	104	2,20	28100
12	0,607	16	90		0	7,5	25,00	110,75	2404	100	1938	80,60	411	17,1	55	2,30	14430
13	0,778	26,5	103		0	7,5	30,09	110,75	3080	100	2500	81,20	516	16,8	64	2,10	18500
14	0,950	40	115		0	7,5	35,00	110,75	3762	100	3041	80,80	617	16,4	104	2,80	22600
15	1,122	47	129		0	7,5	39,89	111,50	4440	100	3610	81,30	726	16,4	104	2,30	26600
16	0,498	11	80		0	7,5	20,00	129,0	1972	100	1612	81,70	343	17,4	17	0,90	11840
17	0,699	22	95		0	7,5	25,11	129,0	2769	100	2271	82,05	462	16,7	36	1,25	16610
18	0,928	38	113		0	7,0	30,03	131,25	3675	100	3022	82,20	602	16,4	51	1,40	22050
19	1,127	59	125		0	7,1	35,03	131,25	4460	100	3663	82,15	719	16,1	78	1,75	26720
20	0,589	15	85		0	7,2	20,00	150,0	2331	100	1918	82,27	394	16,9	19	0,83	13980
21	0,804	29	100		0	7,3	24,91	150,0	3184	100	2640	82,90	524	16,5	20	0,60	19100
22	1,042	49	117		0	7,3	30,08	150,5	4126	100	3428	83,05	664	16,1	36	0,85	24730
23	1,200	68	129		0	7,32	33,50	151,0	4750	100	3960	83,35	760	16,0	30	0,65	28480
24	0,658	19	90		0	7,38	20,00	169,0	2606	100	2134	81,85	434	16,6	38	1,55	15630
25	0,911	37	108		0	7,4	25,04	170,0	3608	100	2996	83,06	585	16,2	27	0,74	21650
26	1,167	64	125		0	7,4	30,00	170,0	4620	100	3838	83,20	736	15,9	46	0,90	27720

(In der Spalte CO₂:) Der CO₂-Gehalt in % ergibt sich aus dem Produkt: Zahl der minutlich verbrauchten Nl Gas × 0,0727.

Gasbeschaffenheit: oberer Heizwert 3960 WE/Nm³ Gas. 1 Nm³ Gas ergibt bei Verbrennung ohne Luftüberschuß 3,2 Nm³ trockene Abgase mit 13 % CO_2 max und 700 g Verbrennungswasser.

5. Versuchsauswertung. Die Auswertung der Einzelversuche zur Aufstellung der Wärmebilanzen ist bereits in den beiden letzten Zahlentafeln mit aufgenommen. Die gewonnenen Zahlenwerte wurden zur Aufstellung der beiden Diagramme Abb. 40 und 41 benutzt. Bei irgendeiner Einstellung des Stromapparates läßt sich an Hand dieser Diagramme unmittelbar angeben, welcher Wirkungsgrad, welche Warmwasser- und Abgastemperaturen usw. sich dabei ergeben.

Bezüglich des Aufbaues der Diagramme Abb. 40 und 41 sei im allgemeinen noch folgendes bemerkt: Die Diagramme zeigen in Abhängigkeit von der zugeführten Wärme K (WE/min) und der durchströmenden Wassermenge W (kg/min) den Wirkungsgrad η, die Warmwassertemperatur t_{w_a} und die Abgastemperatur t_{g_a} bei konstanter Kaltwassertemperatur t_{w_e}. Formelmäßig ausgedrückt, läßt sich dies schreiben:

$$\eta = f_1\,(K, W)$$
$$t_{w_a} = f_2\,(K, W)$$
$$t_{g_a} = f_3\,(K, W)$$

Außerdem ist in den Diagrammen der CO_2-Gehalt der Abgase in % und der erforderliche Gasdruck p in mm W.-S. in Abhängigkeit von der zugeführten Wärme angegeben:

$$CO_2 = f_4\,(K)$$
$$p = f_5\,(K)$$

Wollte man die Beziehungen der Größen η, t_{w_a} und t_{g_a} zu den unabhängigen Veränderlichen K und W rechnungsmäßig ermitteln, so ständen dafür folgende Gleichungen zur Verfügung:

1. die Wirkungsgradgleichung:

$$W \cdot (t_{w_a} - t_{w_e}) = K \cdot \eta$$

2. die Gleichung für die Wärmeabgabe der Verbrennungsgase und die Wärmeaufnahme des Wassers:

$$W \cdot (t_{w_a} - t_{w_e}) = \left\{ Q \cdot c_p\,(t_{g_e} - t_{g_a}) \right\} (1 + a)$$

Q = Abgasmenge in m³/min,
t_{g_e} = Verbrennungsgastemperatur bei Eintritt in den Apparat in ⁰ C
c_p = spez. Wärme der Abgase,
a = Anteil der ausgenutzten strahlenden Wärme, bezogen auf die ausgenutzte fühlbare Wärme der Verbrennungsgase (diese gleich 1 gesetzt);

3. die Gleichung für den Wärmedurchgang durch die Heizfläche:

$$K \cdot \eta = W \cdot (t_{w_a} - t_{w_e}) = F \cdot k \cdot T_{d_m},$$

F = Heizfläche in m²,
k = Wärmedurchgangszahl in WE/m² · h · ⁰ C,
T_{d_m} = mittlere Temperaturdifferenz zwischen Verbrennungsgasen und Wasser.

Durch Vereinigung dieser 3 Gleichungen ließen sich die oben angedeuteten Beziehungen zwischen η, t_{w_a} und t_{g_a} einerseits und K und W andererseits zwar finden, jedoch hat das seine Schwierigkeit, weil die Gleichungen einige Werte enthalten, die ihrerseits zum Teil wieder abhängig sind von K oder W.

Z. B. beträgt die Abgasmenge Q bei einem Gasverbrauch des Geräts von V m³/min:

$$Q = V\left\{Q_0 \cdot \frac{CO_{2max}}{CO_2} + D\right\} \text{ m}^3/\text{min}$$

$D =$ Volumen des bei Verbrennung von 1 Nm³ Gas erzeugten Wasserdampfes in m³.

Sonstige Bezeichnungen wie S. 47.

Da $V = \dfrac{K}{H_0}$ m³/min ist ($H_0 =$ oberer Heizwert in WE/Nm³), da ferner $CO_2 = f_4 (K)$ ist und CO_2 sich meist bei diesen Apparaten linear mit K verändert, also $CO_2 = b \cdot K$, wobei b eine Apparatkonstante z. B. 0,0184 ist, so kann man für Q setzen:

$$Q = \frac{K}{H_0}\left\{Q_0 \cdot \frac{CO_{2max}}{b \cdot K} + D\right\} \text{ m}^3/\text{min}$$

$$Q = \underbrace{Q_0 \cdot \frac{CO_{2max}}{H_0 \cdot b}}_{\downarrow} + \frac{K}{H_0} \cdot D \text{ m}^3/\text{min}$$

$$= \text{ konstant } + \frac{K}{H_0} \cdot D \text{ m}^3/\text{min}$$

d. h. die Menge der von einem Gerät erzeugten trockenen Abgase ist unabhängig von der Wärmebelastung des Geräts und der Feuchtigkeitsgehalt der Abgase nimmt direkt proportional mit der Belastung zu. Dieses Ergebnis läßt sich auch in der Weise fassen, daß bei Änderung der Wärmebelastung des Geräts die durch die erhöhte oder verringerte Gaszufuhr entstehende Änderung der trockenen Abgasmenge durch die automatisch sich einstellende Veränderung des CO_2-Gehaltes gerade aufgehoben wird, so daß zwar bei jeder Belastungsänderung eine andere Zusammensetzung des trockenen Abgases eintritt, das in der Zeiteinheit abgegebene trockene Abgasvolumen (bezogen auf gleiche Temperaturen) bei den in Frage kommenden Grenzen aber immer gleich groß ist. Bei Berücksichtigung des Wasserdampfgehaltes in den Abgasen nimmt die Abgasmenge bei höherer Wärmebelastung nur um die Erhöhung des Dampfvolumens zu. Diese Beziehungen zwischen Abgasmenge, Abgaszusammensetzung, Feuchtigkeitsgehalt und Taupunktstemperatur in Abhängigkeit von der Wärmebelastung sind im Diagramm Abb. 40 ebenfalls zum Ausdruck gebracht.

In die Gleichung (2) ist daher statt $Q \cdot c_p$ zu setzen:

$$\left|Q_0 \cdot \frac{CO_{2max}}{H_0 \cdot b} \cdot c_{p_{tr}} + \frac{K}{H_0} \cdot D \cdot c_{p_d}\right|.$$

In derselben Gleichung (2) werden die Werte t_{ge} und α von der zugeführten Wärme K abhängig sein, ebenso ist in Gleichung (3) die Wärmedurchgangszahl k sowohl von K als auch besonders von W und dem Verhältnis der direkten zur indirekten Heizfläche im Apparat, ferner von der Wärmestrahlung abhängig; auch T_{d_m} ist eine Funktion von K und W.

Es ist deshalb schwer, die nach η, t_{w_a} oder t_{g_a} aufgelösten Gleichungen direkt zu verwenden; aber umgekehrt kann man aus dem Verlauf der Kurven im Diagramm, welches die wahren Verhältnisse des Geräts angibt und die komplizierten Funktionen enthält, für die Gleichungen manches entnehmen und so einen Einblick in die Arbeitsweise des Geräts tun. Es läßt sich so z. B. aus der Lage der Schar der η-, t_{g_a}- und t_{w_a}-Kurven im K-W-Diagramm, ferner aus der gegenseitigen Entfernung der Einzelkurven in der Kurvenschar und der Veränderung dieser Entfernung diese oder jene konstruktive Änderung im Apparat besser motivieren und herausarbeiten. Die bis ins einzelne gehende Verfolgung dieser Verhältnisse lohnt sich jedoch nur dann, wenn es darauf ankommt, neue Apparate zu bauen oder vorhandene nach bestimmten Richtungen hin zu verbessern, und wenn man in der angenehmen Lage ist zu beobachten, wie sich die zielbewußte »Züchtung« eines Apparates praktisch und wirtschaftlich auswirkt. Es soll deshalb hier nicht weiter darauf eingegangen werden.

Aus der ziemlich gleichbleibenden Abgasmenge bei Belastungsänderungen eines Apparates kann man folgern, daß sich die im Apparat erzeugte Auftriebskraft und die Verbrennungsgastemperaturen nicht viel, desto mehr aber der Anteil der an das Wasser übergehenden Strahlungswärme mit Belastungsänderungen sich verändern.

VII. Widerstände und Zugunterbrecher in Abgasleitungen.

1. **Widerstände.** Die Widerstände in Abgasleitungen werden nach Rohrreibungs- und Einzelwiderständen unterschieden. Während die Rohrreibung bei einheitlichem Material über die Länge des Rohres gleichmäßig verteilt ist, treten die Einzelwiderstände nur an bestimmten Stellen im Rohr auf. Die Rohrreibung und Einzelwiderstände in Verbindung mit der kinetischen Energie $\frac{w^2}{2\,g}\,\gamma_g$ zehren die gesamte Auftriebsenergie auf. Da bei einer gegebenen Höhe und Weite des Abzugsrohres und einem gegebenen Auftrieb die von der Abgasleitung in der Zeiteinheit bewältigte Abgasmenge allein von der Größe dieser Widerstände abhängt, ist die genaue Kenntnis ihrer Größe und Wirkung unerläßliche Vorbedingung für die richtige Bemessung der Kamine.

a) **Rohrreibungswiderstand** (vgl. Rietschels Leitfaden 7. Aufl. 2. Band). Die Rohrreibung hängt von der Rauheit der Wand, von dem Verhältnis Rohrquerschnitt zu Rohrumfang (ev. rechteckiger Kanal) und von der Strömungsgeschwindigkeit ab. Die aus Versuchen ermittelte Formel für Blechrohre oder dgl. von kreisförmigem Querschnitt lautet:

$$R = 5{,}66\,\frac{w^{1,924}}{d^{1,281}} \cdot \gamma_g^{0,852} \text{ mm W.-S. pro lfd. m Rohrlänge,}$$

$w =$ Gasgeschwindigkeit in m/s,

$d =$ Rohrdurchmesser in mm,

$\gamma_g =$ Raumgewicht des Abgases in kg/m³.

Eine Veränderung von γ_g hat nur einen sehr geringen Einfluß auf den Wert R, weshalb für γ_g der Mittelwert des feuchten Abgases von Stadtgas bei 150° C eingesetzt werden soll. Dieser Mittelwert beträgt nach Diagramm Abb. 39 $\gamma_g = 0{,}8$ kg/m³. Für w kann nach der Kontinuitätsgleichung $Q = \frac{d^2 \cdot \pi}{4}\,w \cdot 10^{-6}$ ($Q =$ Abgasmenge in m³/s) gesetzt werden:

$$w = \frac{4\,Q}{\pi \cdot d^2}\,10^6 \text{ m/sec.}$$

Werden diese beiden Werte in die Reibungsgleichung überführt, so lautet diese:

$$R = 2{,}61 \cdot 10^{12} \cdot \frac{Q^{1,924}}{d^{5,129}} \text{ mm W.-S./m Rohrlänge.}$$

Die Werte für R nach dieser Gleichung sind aus dem Diagramm Abb. 42 zu entnehmen (vgl. auch Abb. 73).

Sollte das Raumgewicht der Abgase von dem der Gleichung zugrunde gelegten Wert $\gamma_g = 0{,}8$ kg/m³ sehr abweichen, so ist die rechte Seite dieser

Gleichung bzw. sind die aus dem Diagramm Abb. 42 ermittelten R-Werte noch mit einem Faktor $a = \left(\dfrac{\gamma_{gx}}{\gamma_g}\right)^{0,852}$ zu multiplizieren. Zur Bestimmung des Wertes a dient umstehende Zahlentafel 13. In den meisten Fällen kann auf die Korrektur verzichtet werden.

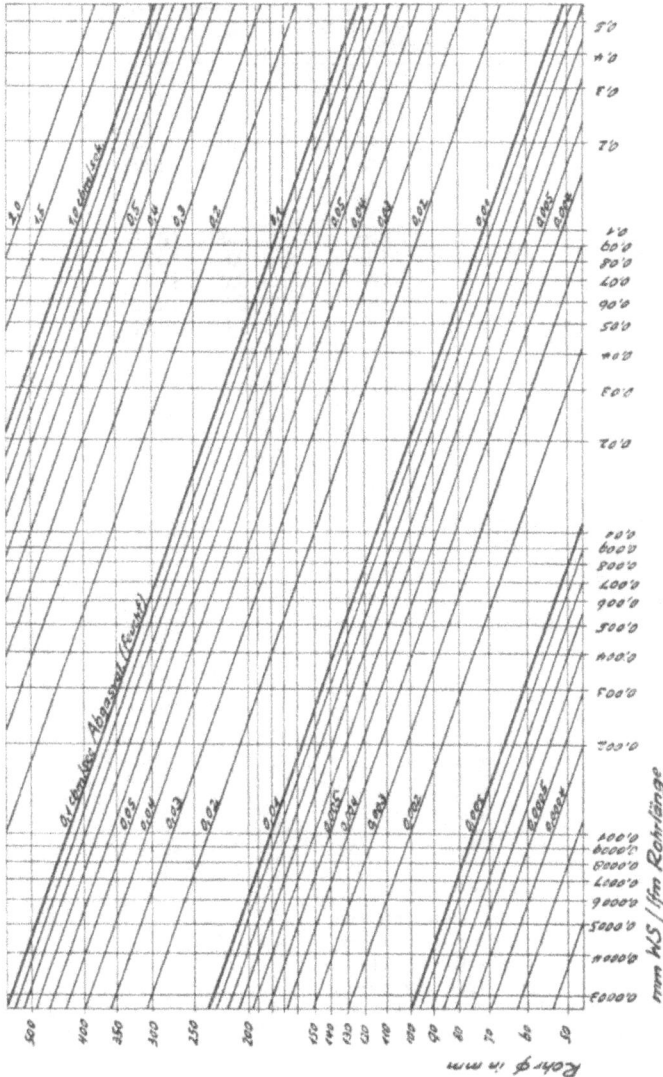

Abb. 42. Rohrreibung R in mm WS pro lfm Rohrlänge für Abgase mit $\gamma_g = 0,8$ kg (feuchte Stadtgasabgase von 150°C und 760 mm QS).

Da gewöhnlich nur der Gasverbrauch in Nl/min eines Gerätes bekannt ist, kann zur schnellen Ermittlung des feuchten Abgasvolumens in m³/s für 760 mm Q.-S. bei verschiedenem CO_2-Gehalt und verschiedenenen Abgastemperaturen das Diagramm Abb. 43 vorteilhaft benutzt werden (vgl. auch Abb. 73). Dieses

Diagramm gilt zunächst nur für Stadtgas von $H_0 = 4200$ WE/Nm³, welches 3,2 Nm³ trockenes Abgas pro Nm³ Stadtgas gibt. Ein hiervon etwas abweichendes Heizgas kann ebenfalls nach diesem Diagramm behandelt werden; anderenfalls dürfte es nicht schwer fallen, für das Gas eines bestimmten Gaswerkes ein entsprechendes Diagramm zu zeichnen.

Zahlentafel 13.

Abgastemp. v. Stadt-gasabgasen °C	γ_{gs}	$a =$
400	0,50	0,670
340	0,55	0,726
290	0,60	0,784
250	0,65	0,824
210	0,70	0,893
180	0,75	0,946
150	0,80	1,000
125	0,85	1,105
105	0,90	1,111
85	0,95	1,116
65	1,00	1,121

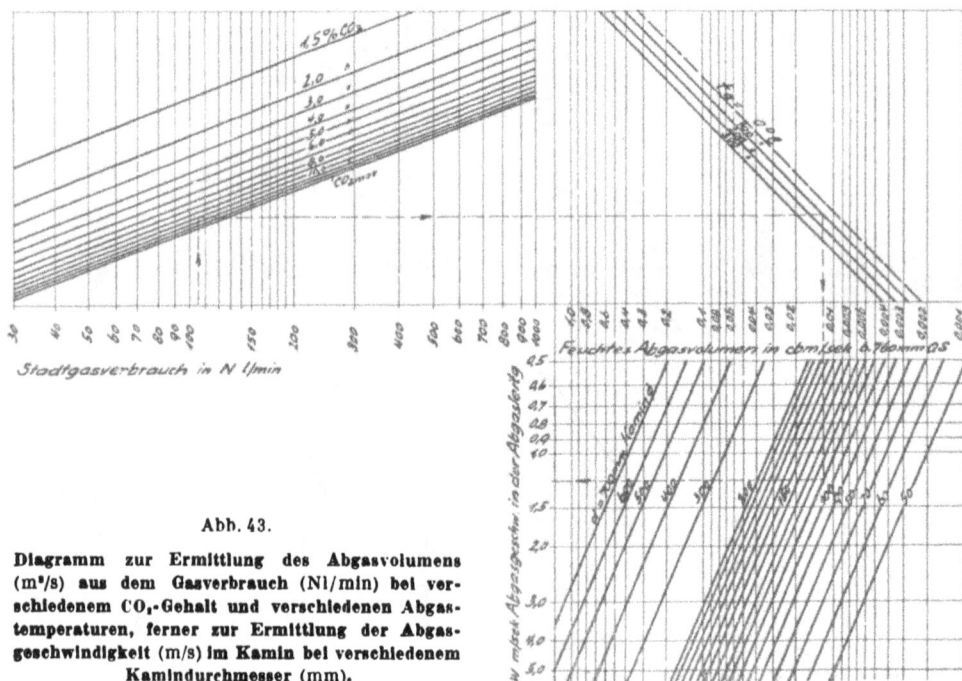

Abb. 43.

Diagramm zur Ermittlung des Abgasvolumens (m³/s) aus dem Gasverbrauch (Nl/min) bei verschiedenem CO_2-Gehalt und verschiedenen Abgastemperaturen, ferner zur Ermittlung der Abgasgeschwindigkeit (m/s) im Kamin bei verschiedenem Kamindurchmesser (mm).

Die Beträge für die Rohrreibung sind — selbst im Vergleich zu den kleinen Auftriebswerten — für die praktisch vorkommenden Fälle nicht erheblich, trotzdem sollten sie nicht unberücksichtigt gelassen werden. Für einen Gasverbrauch von z. B. 105 Nl/min beträgt nach Diagramm Abb. 43 das feuchte Abgasvolumen bei 10% CO_2 und einer mittleren Temperatur von 100° C etwa

0,012 m³/s, die Abgasgeschwindigkeit in einem Rohr von 110 mm l. Dmr. ergibt sich zu etwa 1,25 m/s. Für diese Abgasmenge läßt sich auf Diagramm Abb. 42 die Rohrreibung zu etwa 0,02 mm W.-S. pro lfd. m Rohrlänge ablesen. Unter der Annahme, daß das Abzugsrohr eine vertikale Höhe und eine Länge von 10 m hat, ist die Rohrreibung 0,2 mm W.-S., die sich unter Berücksichtigung der Korrektur der Zahlentafel 13 für $\gamma_{g_x} = 0{,}9$ auf 0,222 mm W.-S. erhöht. Diesem Betrag für die Rohrreibung stände ein Auftriebswert von $10 \cdot 0{,}31 = 3{,}1$ mm W.-S. (nach Diagramm Abb. 39) bei 15° C Außentemperatur gegenüber. Da außerdem $\dfrac{w^2}{2\,g}\,\gamma_g = \dfrac{1{,}25^2}{2\,g} \cdot 0{,}9 = 0{,}072$ mm W.-S. ist, haben die Einzelwiderstände den Wert von $3{,}1 - (0{,}222 + 0{,}072) = 2{,}8$ mm W.-S. Dieses willkürlich gewählte Beispiel zeigt etwa den Betrag für die Rohrreibung im Verhältnis zu den übrigen, den Strömungsvorgang beeinflussenden Faktoren.

Das Diagramm Abb. 42 gilt nur für Rohre von kreisförmigem Querschnitt und von einer Rauheit der Innenwand, wie sie etwa bei Blechrohren vorhanden ist. Für runde gemauerte Kamine sind die R-Werte des Diagramms doppelt so groß zu wählen. Bei Kanälen von rechteckigem Querschnitt bezeichnet der Ausdruck $\dfrac{2 \cdot m \cdot n}{m + n}$ den gleichwertigen Durchmesser, der dem bei kreisförmigem Querschnitt entsprechen würde. m und n sind die Seiten des Rechtecks. Ist beispielsweise $m = 300$ mm und $n = 400$ mm, so ist der gleichwertige Durchmesser $\dfrac{2 \cdot 300 \cdot 400}{300 + 400} = 343$ mm, mit welchem im Diagramm zu operieren ist. Auch bei rechteckigen gemauerten Kanälen müssen die R-Werte verdoppelt werden.

b) Einzelwiderstände. Die Einzelwiderstände in der Abgasleitung sind nicht nur wegen ihrer Größe von weit aus größerer Bedeutung für den Strömungsvorgang als die Rohrreibung, sondern auch deswegen, weil die Lage der Einzelwiderstände im Rohr den manometrischen Druckverlauf in demselben sehr beeinflußt. Während dem letzteren Umstand im Abschnitt V schon genügend Beachtung geschenkt ist, sollen an dieser Stelle einige Angaben über die Größe der Einzelwiderstände gemacht werden.

Die Größe der Einzelwiderstände Z steigt meistens mit dem Quadrat der Abgasgeschwindigkeit an und wird in der Form des dynamischen Drucks mit einem Koeffizienten ζ ausgedrückt:

$$Z = \zeta \frac{w^2}{2\,g}\,\gamma_g \text{ mm W.-S.}$$

Die Werte für ζ müssen aus Versuchen bestimmt werden. Das Diagramm Abb. 44 enthält einige Werte von ζ, die dem Buch »Heiz- und Lüftungstechnik von Rietschel« entnommen sind (vgl. auch Abb. 73). Aus dem Diagramm läßt sich bei einem bestimmten Wert für ζ und w in m/s die Größe des Einzelwiderstandes ablesen, wenn $\gamma_g = 0{,}8$ kg/m³ ist. Für ein hiervon abweichendes γ_g ist der Z-Wert des Diagramms mit dem Faktor $\dfrac{\gamma_g}{0{,}8}$ noch zu multiplizieren. Auch der dynamische Druck $\dfrac{w^2}{2\,g} \cdot \gamma_g$ ist mit Hilfe des Diagramms zu ermitteln; es braucht nur für $\zeta = 1$ bei der betreffenden Abgasgeschwindigkeit der Wert in mm W.-S. an der linken Skala abgelesen zu werden.

Wenn die Abgase aus einem Raum, in welchem die Geschwindigkeit $w = 0$ ist, in das Rohr eintreten, ist an der Eintrittsstelle ein bedeutender Einzelwiderstand Z_e vorhanden, der sich durch Unterdruck an der Eintrittsstelle

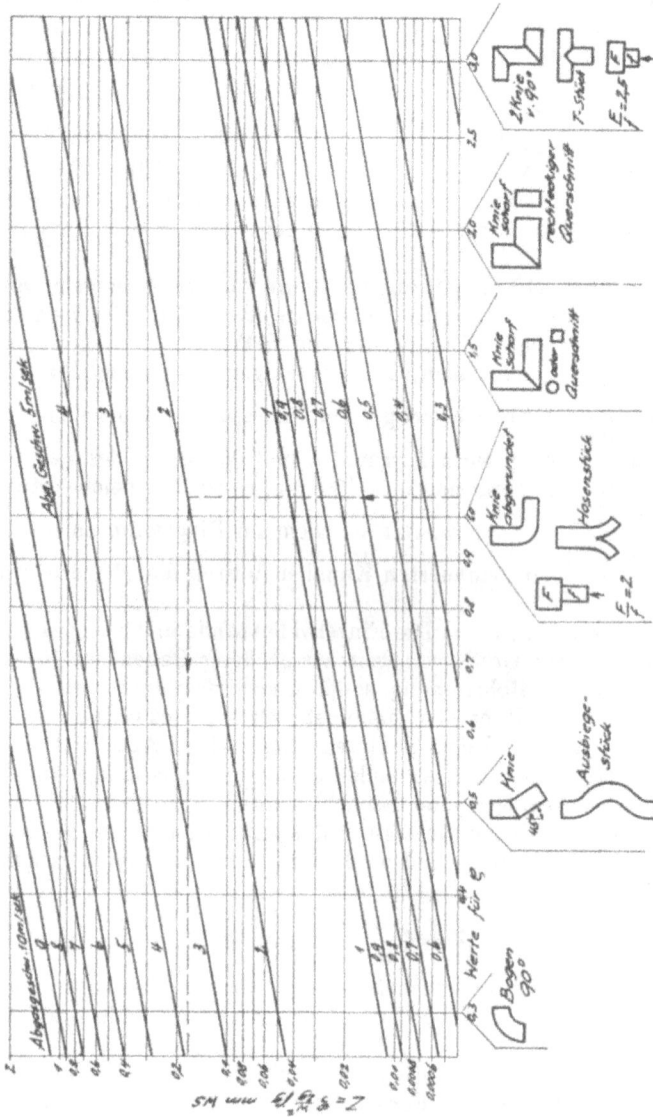

Abb. 44. Einzelwiderstände $Z = \zeta \cdot \frac{w^2}{2g} \cdot \gamma_g$ in mm W.-S. In Abgasleitungen bei $\gamma_g = 0.8 \ kg/m^4 (\sim 150°\,C)$

bemerkbar macht. Die versuchsmäßig festgestellte Größe dieses Einzelwiderstandes Z_e läßt sich aus dem Diagramm Abb. 45 erkennen (vgl. auch Abb. 73), in welchem in Abhängigkeit von der Luftmenge ($\gamma_l = 1{,}15 \ kg/m^3$) bei verschiedenen Rohrdurchmessern der in der Mitte des Rohres sich einstellende

Unterdruck in mm W.-S. und der Wert für ζ zu entnehmen ist. Bei einem abweichenden Raumgewicht der Gase sind die Unterdrücke p mm W.-S. des Diagramms bei sonst gleichen Gasmengen mit dem Wert $\dfrac{\gamma_g}{1{,}15}$ zu multiplizieren.

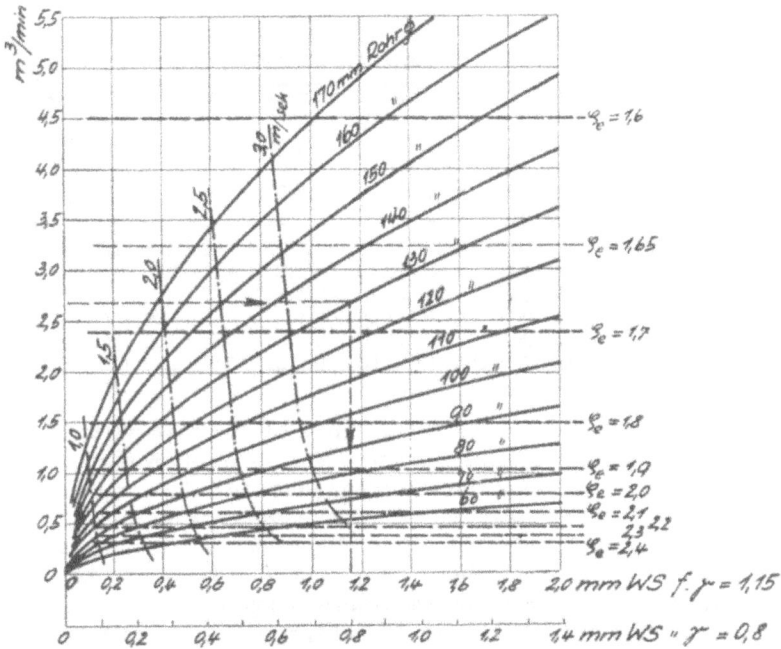

Abb. 45. Eintrittswiderstand für Rohre.

Die experimentellen Belege für das Diagramm Abb. 45.

1. Zweck des Versuches. Der Versuch soll Aufschluß geben über die Größe des Eintrittswiderstandes und über den Zahlenwert des Widerstandskoeffizienten ζ_e bei Rohren verschiedener Durchmesser und bei verschieden großen Luftmengen.

2. Versuchsanordnung. Rohre von etwa 2 m Länge und von verschiedenen lichten Durchmessern ($d = 85$ mm, 110 mm, 130 mm, 145 mm) wurden an die Saugöffnung eines Zentrifugalventilators geschlossen. Die Druckentnahmestelle befand sich in der Achse des Rohres etwa 10 bis 15 cm vom Rohranfang (Lufteintrittsstelle) entfernt. Das Druckentnahmerohr war stumpf abgeschnitten, stand senkrecht zum Luftstrom und war mit einem empfindlichen Druckmesser verbunden. Zur Ermittlung der mittleren Luftgeschwindigkeit bzw. der durchgesaugten Luftmenge war der Druckstutzen des Zentrifugalventilators durch ein etwa 2 m langes Rohr verlängert, in welches Siebe und Parallelführungen zur Erzeugung einer über den ganzen Rohrquerschnitt gleichmäßig verteilten Luftgeschwindigkeit eingebaut waren. Die Luftgeschwindigkeit wurde mit einem geeichten Anemometer in üblicher Weise gemessen. Durch Änderung der Drehzahl des Zentrifugalventilators konnte die durchgesaugte Luftmenge beliebig variiert werden.

5*

3. Meßwerte. Die durchgesaugte Luft hatte ein Raumgewicht von 1,15 kg/m³. Der lichte Durchmesser des Rohres am Druckstutzen des Ventilators entsprach dem des Rohres am Saugstutzen, nur bei dem Saugrohr von 110 mm Dmr. betrug der lichte Durchmesser des Rohres am Druckstutzen des Ventilators 108 mm.

Zahlentafel 14.

Versuchsnotierungen.

Vers.-Nr.	Rohr-ϕ 85 mm			Rohr-ϕ 108 mm			Rohr-ϕ 130 mm			Rohr-ϕ 145 mm		
	Anemom.-messung m/s	Luftmenge m³/min	Unterdruck mm W.-S.	Anemom.-messung m/s	Luftmenge m³/min	Unterdruck mm W.-S.	Anemom.-messung m/s	Luftmenge m³/min	Unterdruck mm W.-S.	Anemom.-messung m/s	Luftmenge m³/min	Unterdruck mm W.-S.
1	100/22	1,55	2,08	150/26	3,17	2,90	100/18,25	4,42	2,945	100/16,75	5,92	3,00
2	150/30	1,705	2,70	300/28	5,88	10,15	100/24,5	3,19	1,60	100/14	7,22	4,72
3	150/26	1,965	3,55	200/26	4,23	5,15	100/31	2,57	1,02	100/47,2	2.10	0,48
4	200/30	2,27	4,65	150/33	2,50	1,90	100/41	1,94	0,64	100/43	2,31	0,56
5	200/24	2,84	6,85	100/27	2,03	1,30	100/12	6,62	6,55	100/35	2,83	0,78
6	300/29	3,53	11,60	100/32	1,72	1,00	100,13,5	5,90	4,72	100/30,5	3,25	1,01
7	300/30	3,40	9,55							100/27	3,68	1,30

Die vorstehend aufgezeichneten Meßwerte sind Mittelwerte aus mehreren Einzelmessungen. Die Einzelmessungen wurden so oft wiederholt, bis die gewonnenen Zahlenwerte eine eindeutige und zuverlässige Messung erkennen ließen.

4. Versuchsauswertung. Da von vornherein anzunehmen war, daß die Eintrittswiderstände eine Potenzfunktion der durchgesaugten Luftmenge sind, wurden die Meßwerte in ein log. Diagramm mit dem Unterdruck als Abszisse und der Luftmenge als Ordinate eingetragen. Es mußten sich dann gerade Linien ergeben. Aus dem log. Diagramm Abb. 46 ist ersichtlich, daß die Verbindung der Meßpunkte mit guter Genauigkeit eine Gerade ergibt und die Geraden für die verschiedenen Rohrdurchmesser parallel verlaufen, der Exponent in der Funktion also für die gemessenen Rohre gleich groß ist. Durch Verlängerung der Geraden im log. Diagramm nach der Richtung der kleinen Unterdrücke läßt sich der Unterdruck auch bei geringen Luftmengen, wie sie bei Abgasleitungen vorkommen, bestimmen. Eine direkte Messung der geringen Unterdrücke bei kleinen Luftmengen ist kaum möglich, da die vorhandenen Meßgeräte eine genaue Anzeige hierbei nicht mehr machen und auch kaum einen Ausschlag geben. Die Meßfehler würden daher viel zu groß ausfallen.

Der gegenseitige Abstand der Parallelen im log. Diagramm entspricht ebenfalls einer logarithmischen Skala, sodaß die Geraden für Rohre mit anderen Durchmessern in das Diagramm leicht einzutragen sind. Aus diesem so ergänzten log. Diagramm wurde das Diagramm Abb. 45 mit normalen Koordinaten gezeichnet, in welchem nun alle Meßfehler ausgemerzt sind. In dieses Diagramm wurden noch Kurven konstanter Luftgeschwindigkeit aufgenommen, da statt mit der Luftmenge oft besser mit der Luftgeschwindigkeit gearbeitet wird.

Das Versuchsmaterial muß nun noch zur Ermittlung der Eintrittswiderstandszahl ζ_e herangezogen werden. Die Gleichung für den Eintrittswiderstand lautet:

$$Z_e = p = \zeta_e \frac{w^2}{2g} \; \gamma.$$

— 69 —

Wird statt w der Wert für die minutliche Luftmenge $Q = w \dfrac{d^2 \cdot \pi}{4} \cdot 60$ m³/min eingeführt, für γ der Zahlenwert 1,15 kg/m³ eingesetzt und die Gleichung nach ζ, aufgelöst, so ergibt sich:

$$\zeta_{\iota} = \frac{p}{Q^2} \left\{ \frac{d^2 \cdot \pi}{4} \right\}^2 \cdot 61\,400.$$

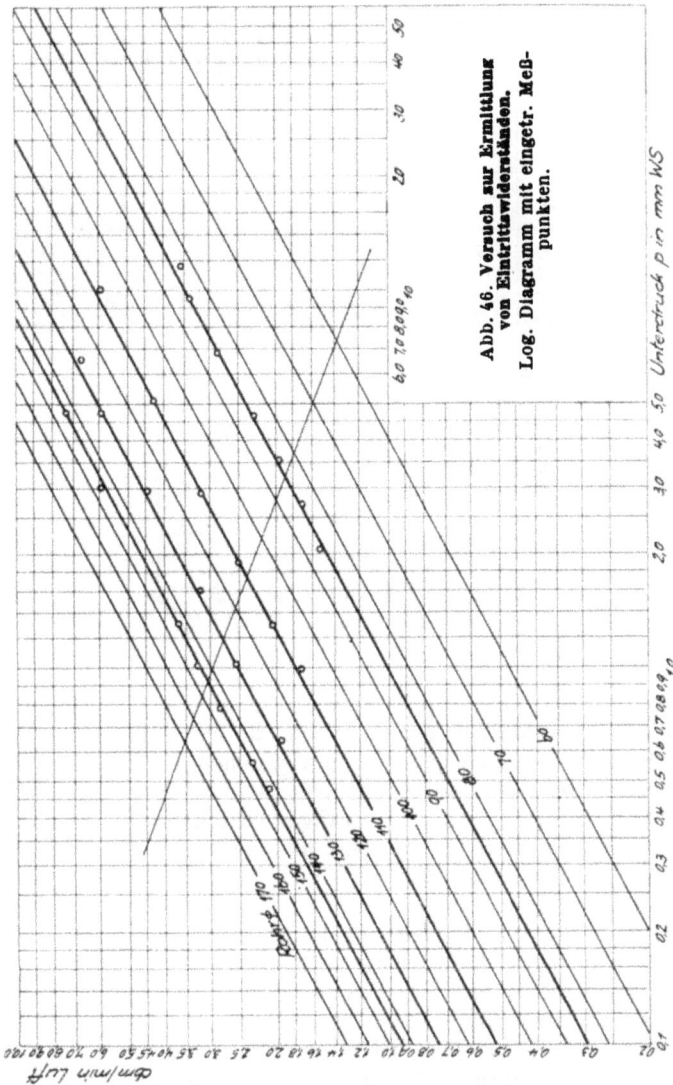

Abb. 46. Versuch zur Ermittlung von Eintrittswiderständen. Log. Diagramm mit eingetr. Meßpunkten.

ζ_{ι} läßt sich für ein bestimmtes d (z. B. 0,1 m) und p (z. B. 2 mm W.-S.) und für ein Q, welches durch d und p nach dem log. Diagramm Abb. 46 bereits festliegt (Q z. B. 2.10 m³/min), ausrechnen, was in der folgenden Zahlentafel 15 für verschiedene Rohrdurchmesser und Eintrittswiderstände geschehen ist. Trägt man die so erhaltenen ζ_e-Werte in Abhängigkeit von der Luftmenge auf, so bemerkt man (vgl. untenstehendes Diagramm Abb. 47), daß alle Werte in nur eine Kurve fallen, d. h. daß ζ_e zwar von der Luftmenge, nicht aber vom Unterdruck abhängig ist und im Diagramm Abb. 45 sich ζ_e-Linien parallel zur Abszisse ergeben. Die Lage der ζ_e-Linien im Diagramm Abb. 45 wird durch nachstehendes Q-ζ_e-Diagramm Abb. 47 bestimmt.

Zahlentafel 15.

$d =$ in mm		60		80		100		120		140		160	
$\dfrac{d^2\,\pi}{4} =$ in cm²		28,27		50,27		78,54		113,1		153,94		201,06	
p in mm W.-S.	Q m³/min	ζ_e	Q	ζ_e	Q	ζ_e	Q	ζ_e	Q	ζ_e	Q	ζ_e	
2,0	0,70	2,005	1,30	1,835	2,10	1,727	3,10	1,635	4,20	1,650	5,70	1,535	
1,5	0,60	2,046	1,09	1,960	1,80	1,760	2,64	1,692	3,63	1,656	4,85	1,600	
1,0	0,48	2,130	0,90	1,914	1,45	1,806	2,12	1,748	2,90	1,732	3,94	1,604	
0,5	0,32	2,400	0,62	2,160	1,00	1,905	1,45	1,868	2,03	1,775	2,70	1,710	

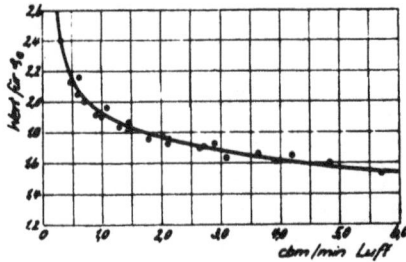

Abb. 47.

2. Zugunterbrecher und Rückstausicherung. Die Zugunterbrecher in Abgasleitungen sollen den Zweck haben, die in Gasgeräten herrschenden Druckverhältnisse möglichst unabhängig von denen des Kamines zu machen. Der Druckverlauf im Kamin wird trotz des gleichbleibenden Auftriebs in demselben durch Störungen von außen häufiger verändert und die Leistung des Kamins unterliegt daher ebenfalls einem häufigen Wechsel. Das Gasgerät ist hinsichtlich Verbrennungsgasführung wie ein vollständiger kleiner Kamin aufzufassen und dementsprechend auch genau so zu behandeln. Der Druckverlauf im Gerät und die in der Zeiteinheit durch den Auftrieb im Gerät bewegte Verbrennungsgasmenge soll aber dauernd konstant sein. Bei direkter Verbindung von Abgasleitung und Gasgerät sind bezüglich Verbrennungsgasführung beide Teile als ein einheitlicher verlängerter Kamin mit Rohrreibung und Einzelwiderständen zu betrachten. Dieser Kamin fängt an an der Eintrittsstelle der Verbrennungsluft in das Gerät und hört auf an der Austrittsstelle der Abgase aus der Abgasleitung ins Freie. Veränderungen an einer beliebigen Stelle beeinflussen daher den gesamten Strömungsvorgang in diesem System, also auch in dem Gasgerät selbst, und das soll durch Zwischenschaltung eines Zugunterbrechers vermieden werden. Die Zugunterbrecher werden meistens

in der Form ausgeführt, daß unmittelbar hinter dem Gerät, dem Augenschein nach auch oft im Gerät selbst, eine Öffnung in dem sonst geschlossenen Abgaswege geschaffen wird, die eine Verbindung mit der umgebenden Luft herstellt. Wird der Unterdruck im unteren Kaminteil — etwa durch Verringerung des Luftdrucks am oberen Kaminende — groß, »zieht der Kamin an«, so soll durch die Öffnung kalte Luft in die Abgasleitung eintreten, wodurch die Abgasmenge infolge Verdünnung vergrößert und der Auftrieb infolge Temperaturverringerung kleiner werden. Wird der Unterdruck am Kaminanfang klein, so soll weniger Kaltluft in die Abgasleitung durch die Öffnung eintreten; die Abgasmenge im Kamin wird geringer, die Abgase bleiben heißer und der Auftrieb wird größer. Fällt der Unterdruck am Kaminanfang auf Null, etwa dadurch, daß die Austrittsöffnung des Kamins abgedeckt wird, so sollen die Abgase des Geräts durch die Öffnung in den Raum austreten. Ist Gegenbewegung im Kamin, so sollen Abgase und entgegenströmende Luft (bzw. Abgase) aus der Öffnung in den Raum entweichen. Bei diesen Vorgängen sollen sich die Druckverhältnisse im Gasgerät nicht ändern; denn ändern sich diese, so tritt als notwendige Folge auch eine Änderung der Gasbewegung im Gerät ein. Der Druckverlauf ist als Ursache das Primäre, die Gasströmung als Wirkung davon das Sekundäre.

Da der Zugunterbrecher — wie schon betont — den Druckverlauf in Gasgeräten konstant halten soll, muß er seine Aufgabe unter den verschiedensten Bedingungen erfüllen:

1. Ist der Unterdruck im Kamin groß, so soll nicht mehr Verbrennungsluft in das Gerät einströmen, als vom Konstrukteur des Geräts als Optimum festgesetzt ist.

2. Ist der Unterdruck im Kamin gering oder gar Null, so daß der Kamin die anfallende Abgasmenge nur teilweise oder gar nicht fortleitet, so mussen die Abgase in den Raum austreten können, ohne daß die in das Gerät einströmende Verbrennungsluftmenge verändert wird und ohne daß die vollständige Umsetzung der brennbaren Bestandteile des Gases zu Kohlensäure und Wasser darunter leidet.

3. Ist Überdruck im Kamin, so kommt zu der im Punkt 2 aufgeführten Forderung als neue Forderung hinzu: daß entweder der Kamin gegen das Gerät vollständig abgeriegelt wird — der Überdruck im Kamin kann sich nicht auswirken, eine Gegenströmung im Kamin findet nicht statt — oder daß bei eintretender Gegenströmung die im Kamin befindliche Abgasmenge ohne Einwirkung auf das Gerät in den Raum abgeführt wird (Rückstausicherung).

Ein idealer Zugunterbrecher würde eine Kombination von einem Drosselventil bzw. einer Drosselklappe und einer zwischen Gerät und Klappe befindlichen, nach dem Aufstellungsraum des Geräts gehenden verschließbaren Austrittsöffnung für die Abgase des Geräts darstellen. Je nach dem im Kamin herrschen Druck müßte sich das Ventil oder die Klappe automatisch so einstellen, daß der Druckverlauf im Gerät gleichbleibt. Die erwähnte Austrittsöffnung müßte normalerweise immer geschlossen sein, damit keine Kaltluft in die Abgasleitung eintreten kann, welche nach den Darlegungen im Abschnitt IX ungünstig wirkt. Der Verschluß der Austrittsöffnung müßte nur in dem Fall automatisch fortfallen, wenn das Ventil oder die Klappe wegen zu geringen Unterdrucks oder gar wegen Überdrucks im Kamin geschlossen ist und die Abgase in den Raum abgeführt werden müssen. Außerdem sollte eine Vorkehrung damit verbunden sein, daß die Drosselklappe ganz geschlossen, also das Gerät vollständig vom Kamin abgeschaltet ist, wenn das Gerät außer Betrieb ist. Es beständen dann keine Bedenken mehr, mehrere gas- und kohlenbeheizte Öfen oder dgl. an einen Kamin anzuschließen. Eine einfache, billige und betriebsichere Konstruktion dieser Einrichtung, die am besten in die Abgashaube der Geräte hineingearbeitet wird, könnte große Dienste leisten. Die Lösung macht außerordentliche Schwierigkeiten, weil die in Frage kommenden Druckänderungen nur gering und die hieraus gewinnbaren Verstellkräfte verschwindend klein sind. Ein Ausweg ließe sich ev. dadurch finden, daß die Verstellkraft aus dem Gasdruck genommen wird und die Druckänderungen im Kamin bzw. im Gerät nur zur Betätigung eines Relais herangezogen werden.

Die heute meist angewandten Zugunterbrecher sind entweder ganz primitive, runde oder ovale Öffnungen verschiedener Größen in der Abgasleitung bzw. in den Geräten, die mehr oder weniger zu dekorativen Zwecken und zur Beruhigung ängstlicher Gemüter dienen und wegen ihrer höchst unvollkommenen Arbeitsweise keinen Anspruch auf die Bezeichnung »Zugunterbrecher« haben können, oder es sind die bekannten kegelförmigen Rohrerweiterungen mit eingebautem Doppelkegel oder eingebauter Scheibe und untenliegender ringförmiger Öffnung, die oft ihren Zweck durchaus erfüllen, aber mitunter in »schwierigen Fällen« ebenso versagen. Wie die nachstehenden Versuche an einem kegelförmigen Unterbrecher mit Rückstausicherung zeigen, liegt das gelegentlich anzutreffende Versagen dieser Unterbrecher nicht etwa an einem Konstruktionsfehler, sondern meist daran, daß der Unterbrecher an einer verkehrten Stelle der Abgasleitung eingebaut ist, worüber unten noch einiges gesagt wird.

Untersuchung eines Zugunterbrechers mit Rückstausicherung.

1. Zweck des Versuchs. Zugunterbrecher in Abgasleitungen sollen — wie erwähnt — die Strömungsverhältnisse in Gasgeräten unabhängig von denen der angeschlossenen Abgasleitungen machen. Die mit einem in der Praxis meist angewandten Zugunterbrecher mit Rückstausicherung ausgeführten Versuche sollen Aufschluß darüber geben, inwieweit der Unterbrecher seine Aufgabe erfüllt.

2. Versuchsanordnung. Die Abmessungen des bei den Versuchen benutzten Unterbrechers gehen aus der Skizze auf Diagramm Abb. 48 hervor. Es wurden insgesamt 5 verschiedene Fälle untersucht entsprechend den verschiedenen Funktionen, die dem Unterbrecher zukommen (vgl. Skizzen im Diagramm Abb. 48):

Fall 1. Bestimmung der Größe des Einzelwiderstandes, welchen der geschlossene Unterbrecher dem Luft- bzw. Abgasstrom bei verschiedenen Luftmengen bietet.

Fall 2. Bestimmung der Druckverhältnisse und Luftmengen bei einem offenen Unterbrecher bei normaler Strömungsrichtung.

Fall 3. Dasselbe wie bei 2 nur bei Gegenströmung.

Fall 4. Bestimmung der Druckverhältnisse bzw. des Widerstandes bei geöffneter Unterbrecheröffnung, aber geschlossener unterer Rohröffnung bei normaler Strömungsrichtung.

Fall 5. Dasselbe wie vorher nur bei Gegenströmung.

Die Versuche wurden in der Weise durchgeführt, daß im Fall 1 der Unterbrecher an die Saugöffnung eines Zentrifugalventilators geschlossen und kurz vor bzw. hinter dem Unterbrecher je ein Druckentnahmerohr von der Mitte des Rohres zu einem empfindlichen Druckmesser geführt wurde. Das Druckentnahmerohr stand senkrecht zum Luftstrom. Die Unterbrecheröffnung war verklebt. Die hindurchgesaugte Luftmenge wurde aus Geschwindigkeitsmessungen in einem etwa 2 m langen Rohr ermittelt, welches an den Druckstutzen des Ventilators geschlossen war und in welches Siebe und Parallelführungen zur Erzeugung einer über den ganzen Rohrquerschnitt gleichmäßig verteilten Luftgeschwindigkeit eingebaut waren. Die Luftgeschwindigkeit wurde mit einem Anemometer bestimmt.

Im Fall 2 wurde bei sonst gleicher Versuchsanordnung wie oben (Unterbrecheröffnung aber jetzt offen!) die Luftmenge Q_2 (vgl. Skizzen im Diagramm Abb. 48) im Rohr am Druckstutzen des Ventilators, die Luftmenge Q_1 in dem betreffenden Rohr selbst durch Geschwindigkeitsmessungen in einem bekannten Querschnitt und die durch die Unterbrecheröffnung eingetretene Luftmenge durch die Differenz $(Q_2 - Q_1)$ ermittelt.

Im Fall 3 wurde der Unterbrecher unter Zwischenschaltung eines etwa 2 m langen Rohres mit eingebauten Sieben und Parallelführungen an den Druckstutzen des Ventilators geschlossen. Q_2 wurde in einem am Saugstutzen des Ventilators angebrachten Rohr durch Geschwindigkeitsmessungen festgestellt, ebenso Q_1 in dem betreffenden Rohrquerschnitt. Die aus der Unterbrecheröffnung austretende Luftmenge errechnet sich zu $Q_2 + Q_1$.

Bei Fall 4 und 5 wurde in analoger Weise vorgegangen.

3. Meßwerte. Die Versuche wurden mit Luft von 1,15 kg/m³ Raumgewicht durchgeführt.

Fall 1. Durchmesser des Meßrohres 12 cm, Querschnitt 113 cm².

Zahlentafel 16.

Vers. Nr.	w_1 m/s	Q_1 m³/min	p_1 mm W.-S.	p_2 mm W.-S.	$p_2 - p_1$ mm W.-S.
1	5,00	3,39	2,45	— 6,72	4,27
2	4,45	3,02	1,87	— 5,45	3,50
3	3,64	2,47	1,44	— 4,02	2,64
4	3,20	2,17	0,90	— 3,00	2,10
5	2,88	1,95	0,73	— 2,22	1,55
6	2,50	1,696	0,63	— 1,88	1,25
7	2,35	1,595	0,55	— 1,68	1,13

Fall 2. Durchmesser des Meßrohres zur Bestimmung von Q_1 war $d_1 = 12$ cm, $F_1 = 113$ cm² und der Durchmesser zur Bestimmung von $Q_3 = Q_2$ war $d = 11$ cm, $F_3 = 95$ cm².

Zahlentafel 17.

Vers. Nr.	w_1 m/s	Q_1 m³/min	w_2 m/s	Q_2 m³/min	p_1 mm W.-S.	p_2 mm W.-S.	p_2-p_1 mm W.-S.
1	0,625	0,423	3,08	1,76	— 0,10	— 1,68	1,58
2	0,690	0,468	3,20	1,825	-- 0,11	— 2,10	1,99
3	0,835	0,567	3,64	2,07	— 0,14	— 2,44	2,30
4	1,05	0,712	4,45	2,54	— 0,25	— 3,68	3,43
5	1,33	0,902	5,00	2,85	— 0,33	.— 4,55	4,22
6	1,43	0,970	5,72	3,26	— 0,40	--- 5,74	5,34
7	1,74	1,180	6,67	3,80	— 0,49	— 8,18	7,69

Fall 3. Durchmesser des Meßrohres zur Bestimmung von Q_1 war $d_1 = 12$ cm, $F_1 = 113$ cm² und der Durchmesser des Meßrohres zur Bestimmung von $Q_3 = Q_2$ war 14,8 cm, $F_3 = 172$ cm².

Zahlentafel 18.

Vers. Nr.	w_1 m/s	Q_1 m³/min	w_2/ m/s	Q_2 m³/min	p_1 mm W.-S.	p_2 mm W.-S.
1	0,37	0,251	2,22	2,29	— 0,03	+ 0,37
2	0,50	0,339	2,67	2,76	— 0,05	+ 0,45
3	0,713	0,487	3,34	3,45	— 0,08	+ 0,55
4	0,908	0,617	4,00	4,13	— 0,12	+ 0,75
5	1,05	0,713	4,45	4,60	— 0,21	+ 1,37
6	1,812	1,23	5,33	5,51	— 0,26	+ 1,80
7	2,225	1,51	6,67	6,89	— 0,90	+ 5,10

Fall 4. Durchmesser des Meßrohres zur Bestimmung von $Q_3 = Q_2$ war $d_3 = 11$ cm, $F_3 = 95$ cm².

Zahlentafel 19.

Vers. Nr.	w_2 m/s	Q_2 m³/min	p_2 mm W.-S.	p_1 mm W.-S.
1	2,86	1,63	— 1,44	— 0,24
2	3,34	1,905	--- 1,72	— 0,29
3	4,00	2,28	. 2,18	— 0,36
4	5,00	2,85	· 2,95	— 1,21
5	6,16	3,51	-- 3,85	--- 1,31

Fall 5. Durchmesser des Meßrohres zur Bestimmung von $Q_3 = Q_2$ war $d_3 = 14,8$ cm, $F_3 = 172$ cm².

Zahlentafel 20.

Vers. Nr.	w_2 m/s	Q_2 m³/min	p_1 mm W.-S.	p_2 mm W.-S.
1	2,50	2,58	— 0,20	+ 0,44
2	2,22	2,29	— 0,18	+ 0,38
3	3,33	3,44	— 0,31	+ 0,68
4	3,81	3,93	— 0,40	+ 0,82
5	4,45	4,59	— 0,53	+ 1,10
6	5,33	5,51	— 0,70	+ 1,85

4. Versuchsauswertung. Die vorstehenden Meßergebnisse wurden zur Aufstellung der Diagramme Abb. 48 benutzt, zu denen folgendes zu bemerken ist: Im Fall 1 stellt das Diagramm in Abhängigkeit von der durchströmenden Luftmenge ($\gamma_l = 1,15$ kg/m³) den Widerstand $\varDelta p = p_2 - p_1$ mm W.-S. bzw. die Unterdrücke p_2 und p_1 an den bezeichneten Stellen dar. p_1 ist als Eintrittswiderstand des vorgeschalteten kurzen Rohrstücks aufzufassen.

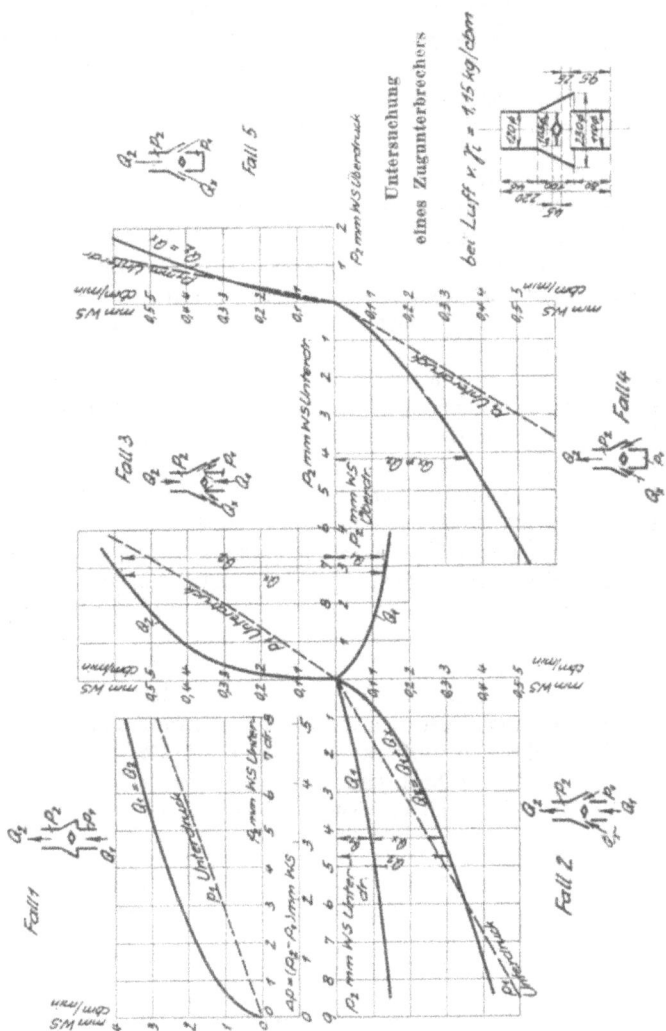

Fall 2 stellt die normale Betriebsanordnung dar. Die Luft wird an der Stelle 2 durch den Zugunterbrecher gesaugt. Die Versuchsverhältnisse unterscheiden sich von den Betriebsverhältnissen bei dem in die Abgasleitung eingebauten Zugunterbrecher dadurch, daß die Luftmenge Q_1 im Versuch nur infolge des Unterdrucks p_2 bewegt wird, während beim eingebauten Zugunterbrecher die der Luftmenge Q_1 entsprechende Abgasmenge teils vom Gerät dem Zugunterbrecher zugeführt teils vom Kamin angesaugt wird. Die Verschiedenheit der beiden Wirkungsweisen läßt keinen unmittelbaren Vergleich zu. Die beim eingebauten Zugunterbrecher herrschenden Verhältnisse werden später einer genaueren Prüfung unterzogen. Bei der Versuchsanordnung zeigt sich, daß mit wachsendem Unterdruck p_2 die Zusatzluftmenge Q_x schneller ansteigt als die Luftmenge Q_1. Der Unterdruck p_1 ist nicht unabhängig von p_2, sondern p_1 steigt proportional mit p_2, p_1 ist etwa 6% vom Betrag p_2. Wird p_2 positiv (Fall 3), so kehrt die Gasströmung um. Aus der Zugunterbrecheröffnung tritt aber nicht nur die abströmende Luftmenge Q_2 aus, sondern infolge seiner Wirkungsweise als Strahlpumpe saugt jetzt der Zugunterbrecher die Luftmenge Q_1 von der Stelle 1 an und läßt diese zusammen mit Q_2 aus der Ringöffnung austreten. An der Stelle 1 herrscht Unterdruck, so daß die Abgase des Gerätes um so mehr abgesaugt werden, je höher der Gegendruck p_2 ist. Die Rückstausicherung wirkt also noch über das von ihr geforderte Maß hinaus. Der Schutz des Gerätes gegen zurückströmende Gase ist als vollkommen zu bezeichnen.

Fall 4 und 5 lassen die Strömung bei geschlossenem Rohrquerschnitt an der Stelle 1 erkennen, wenn p_2 negativ und positiv ist. p_1 ist in beiden Fällen negativ.

Aus den Versuchen geht hervor, daß diese Art Zugunterbrecher mit Rückstausicherung ihren Zweck als »Puffer« zwischen Gasgerät und Abgasleitung erfüllen können. Wenn sie trotzdem zu Mißständen Anlaß geben, so liegt das — wie erwähnt — meist daran, daß sie an einer ungeeigneten Stelle in der Abgasleitung sitzen, an welcher die Leitung unter Überdruck steht (vgl. Abschn. V B, Beispiel 8) oder daß sie zu viel kalte Luft eintreten lassen (der Unterdruck ist in der Leitung an der betreffenden Stelle zu groß) oder daß der untere Rand der kegelförmigen Erweiterung nicht tief genug nach unten gezogen ist. Die Abgase stoßen gegen den inneren Doppelkegel, stauen sich und entweichen teilweise seitlich aus der Öffnungs ins Freie, ohne daß sie von dem geringfügigen Unterdruck p_2 über dem Doppelkegel in die Abgasleitung hineingezogen werden.

Ein geschlossener, automatisch wirkender Zug- oder Druckregler mit der oben skizzierten Wirkungsweise würde die jetzt gebräuchlichen offenen Zugunterbrecher, die in ihrer primitiven Form als runde Öffnungen den Zug oft nicht unterbrechen, d. h. auf Null reduzieren, sondern oft nur eine geringe Unstetigkeit im manometrischen Druckverlauf hervorrufen, schnell verdrängen.

VIII. Auftriebsverhältnisse und Widerstände in Gasgeräten.

Von den Gasgeräten sollen nur die Warmwasserbereiter in Betracht gezogen werden, da diese Apparate mit Abführung der Abgase am meisten in der Praxis vorkommen. Es wird nicht schwer fallen, die Untersuchungsmethoden sinngemäß auch auf alle anderen Gasgeräte anzuwenden. — Die Stromautomaten bestehen — vgl. Abb. 49 und 50 — im wesentlichen aus einem

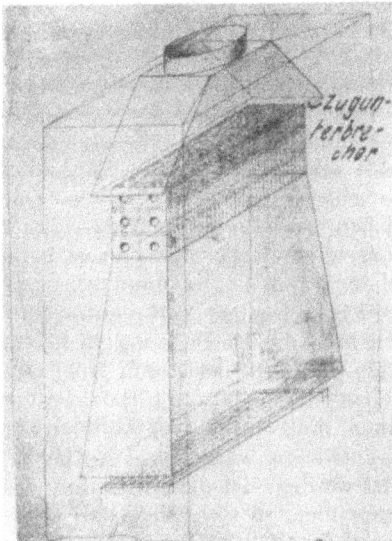

Abb. 49.

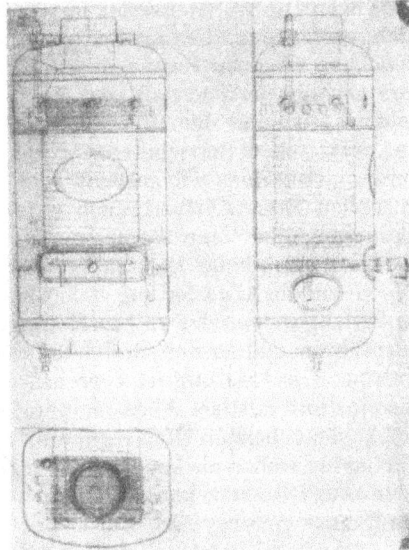

Abb. 50.

Verbrennungsraum, dessen Mantel meistens als direkte oder indirekte Heizfläche ausgebildet ist, in dessen unterer Öffnung sich der Gasbrenner mit darunter liegender Ventilarmatur befindet und der oben in den Lamellenkörper übergeht. Die aus dem Lamellenkörper austretenden Verbrennungsgase werden durch eine Abgashaube zusammengefaßt und in den Abgasstutzen geleitet. Die einzelnen Teile des Apparates werden von einem Ziermantel umgeben. Zwischen Abgashaube und Lamellenkörper ist gewöhnlich ein seitlich gelegener Spalt gelassen, welcher als Zugunterbrecher dienen soll. Damit bei Gegenströmung im Kamin die aus dem Spalt austretenden Abgase den Weg ins Freie finden können bzw. bei zu starkem Kaminzug Luft von außen zu den Abgasen treten kann, sind im Ziermantel Öffnungen vorgesehen.

Gasbeheizte Stromautomaten und Öfen für feste Brennstoffe sind hinsichtlich Auftriebsverhältnisse wie kurze Kamine aufzufassen. In ihnen sind Gase, leichter als die umgebende Luft, enthalten, die fortwährend aufwärts steigen und die Verbrennungsluft an ihre Stelle treten lassen. Die Widerstände, welche die Strömung auf dem Wege durch den Warmwasserbereiter vorfindet, bestehen in dem Widerstand beim Eintritt der Verbrennungsluft in den Apparat, dem Widerstand des Lamellenkörpers und der Abgashaube. Beim kohlenbeheizten Ofen fällt der Widerstand des Lamellenkörpers fort, dagegen kommt der Widerstand des Brennstoffbettes hinzu, der — wie schon erwähnt — besonders groß gegenüber den anderen Widerständen ist. Wird ein Gasbadeofen und ein kohlenbeheizter Ofen ohne Anschluß an einen Kamin in Betrieb genommen, so zeigt sich, daß der Gasapparat wegen der geringen Widerstände selbst bei voller Leistung meist genügend Verbrennungsluft bekommt, daß aber der Kohlenofen über eine geringe Leistung nicht hinauskommt. An den Brennstoff gelangt zu wenig Luft, so daß der Brennstoffverbrauch kleiner ist, als man entsprechend der Größe des Ofens normalerweise verlangt. Die Auftriebskraft im Ofen ist im Verhältnis zu den Widerständen nicht groß genug. Um die Leistung des Ofens zu steigern, wird durch Anschluß desselben an einen Kamin die Auftriebskraft h ($\gamma_l - \gamma_g$) infolge Vergrößerung von h vergrößert, so daß jetzt mehr Verbrennungsluft durch die Brennstoffschicht tritt und der Brennstoffverbrauch bzw. die Heizleistung zunehmen. Im praktischen Betriebe wird durch hohe Kamine und hohe Abgastemperaturen meist eine viel größere Auftriebskraft erzeugt als dem gewünschten normalen Brennstoffverbrauch entsprechen würde. Durch willkürliche Verkleinerung oder Vergrößerung eines zusätzlichen, veränderlichen Widerstandes — gewöhnlich einer Luftklappe am Rost oder eines Rauchgasschiebers beim Eintritt in die Abgasleitung — hat man es in der Hand, den Strömungsvorgang zu verlangsamen oder zu beschleunigen, mehr oder weniger Verbrennungsluft zuzuführen und so den Brennstoffverbrauch bzw. die Heizleistung zu beeinflussen. Die Leistung ist begrenzt durch den Auftrieb, der durch Höhe des Kamins und mittlere Abgastemperatur gegeben ist. Um also die Heizleistung der kohlenbeheizten Öfen regulieren zu können, muß ein höherer Auftrieb zur Verfügung stehen als zum normalen Betrieb notwendig wäre. Diese Auftriebsoder »Zug«-Reserve kann schwerlich entbehrt werden. Ist die Drosselung des Strömungsvorganges am Lufteintritt vorgenommen, so steht der Ofen unter Unterdruck, befindet sich die Drosselstelle beim Eintritt der Rauchgase in den Kamin, so kann der Ofen je nach der Größe dieses Widerstandes teilweise unter Überdruck kommen. Der manometrische Druckverlauf in dem einen oder anderen Falle läßt sich mittels Diagramm Abb. 8 Abschnitt V gut verfolgen, und hierdurch die Vor- und Nachteile der einen oder anderen Lage der Drosselstelle beurteilen. Auf die Größe der Auftriebe und Widerstände besonders der Brennstoffschicht in Abhängigkeit von der Korngröße, Schütthöhe und der Verbrennungsluftgeschwindigkeit bei Feuerungen mit festen Brennstoffen soll nicht näher eingegangen werden.

Bei Gasapparaten erfolgt die Leistungsregelung in anderer Weise, und zwar durch Veränderung der Gaszufuhr, die leicht zu bewerkstelligen ist. Es wird dabei verlangt, daß der Auftrieb im Gerät so groß ist, daß auch bei der maximalen Leistung (durch Drucksteigerungen im Gasrohrnetz öfter hervorgerufen) Verbrennungsluft in genügender Menge für eine vollkommene

Verbrennung zur Verfügung steht. Der Strömungsvorgang in Gasgeräten wird meist nicht durch veränderliche Drosseleinrichtungen der Leistung angepaßt, sondern der Strömungsvorgang wird hier allein durch den Auftrieb geregelt. Die hierdurch bedingte Arbeitsweise eines guten Apparates ist dann so, daß bei der Normalleistung der Auftrieb im Apparat so viel Verbrennungsluft zu der aus dem Brenner austretenden Gasmenge treten läßt, daß das Gas mit hinreichendem Luftüberschuß verbrannt wird. Bei Belastungsänderungen, also bei einer vom Normalgasverbrauch abweichenden Gaszufuhr ändert sich der Auftrieb im Gerät wenig und deswegen auch die einströmende Verbrennungsluftmenge nur wenig. Bei erhöhtem Gasverbrauch, der durch normale Gasdruckschwankungen entstehen kann, verringert sich daher der Luftüberschuß in den Abgasen (eine größere Gasmenge kommt auf die gleiche Verbrennungsluftmenge), umgekehrt erhöht sich der Luftüberschuß bei verringertem Gasverbrauch. Die tiefere Ursache dieser Arbeitsweise ist darin zu suchen, daß der unveränderliche Auftrieb infolge der baulich gleichbleibenden Widerstände (Lamellenwiderstand usw.) also infolge der gegebenen Apparatkonstruktion eine bestimmte konstante Abgasgeschwindigkeit bewirkt bzw. eine konstante Abgasmenge fortbewegt. Die Menge der abgeführten Abgase wird also in erster Linie durch diese Verhältnisse bestimmt und hat zunächst mit dem Gasverbrauch des Geräts kaum etwas zu tun; es sind zwei getrennte Dinge, die nur dadurch in losen Zusammenhang treten, daß der Auftrieb infolge der bei Gasverbrauchsänderungen eintretenden geringen Veränderung der mittleren Verbrennungsgastemperatur ebenfalls eine kleine Änderung erfährt, die jedoch in den üblichen Belastungsgrenzen der Warmwasserapparate nicht von Bedeutung ist. Der Auftrieb arbeitet daher auch bei veränderlichem Gasverbrauch auf konstante Abgasmenge bzw. nur auf eine Veränderung der Abgaszusammensetzung (vgl. Abb. 40) hin. Diese Unabhängigkeit der Abgasströmung vom Gasverbrauch bzw. von der Wärmebelastung ist nicht erwünscht oder beabsichtigt, vielmehr wäre eine Kupplung der Abgasströmung mit der Belastung besser, und zwar mit der Wirkung, daß das Verhältnis Abgasmenge:Gasverbrauch bzw. der CO_2-Gehalt der Abgase konstant bleiben. Das ließe sich z. B. durch Veränderung des Auftriebs (etwa durch automatische Höhenverstellung des Brenners) oder durch Veränderung der Widerstände (etwa durch eine automatisch verstellbare Klappe im Abgasweg) erreichen. Dies sind jedoch nur theoretische Lösungen, in der Praxis belastet man die Apparate mit derartigen Einrichtungen ungern und nimmt die Veränderung des CO_2-Gehalts der Abgase meist hin.

Während bei Öfen mit festen Brennstoffen Leistung und Abgasmenge im engen Zusammenhang miteinander stehen, ist dies bei Gasgeräten im Gegensatz dazu nicht der Fall.

Die Gasgeräte können wegen Fortfalls des Brennstoffbettwiderstandes so gebaut werden, daß der in ihnen erzeugte Auftrieb bereits zur Herbeischaffung der erforderlichen Verbrennungsluftmenge bei voller Leistung genügt. Ein Kamin, welcher die Auftriebskraft zur Herbeischaffung der Verbrennungsluft erhöht — wie bei kohlenbeheizten Öfen — erübrigt sich also unter der Voraussetzung, daß der Auftrieb in den Gasgeräten allein schon ausreicht. Wenn aber z. B. die Widerstände bei anders gebauten Gasapparaten größer wären, daß der Auftrieb im Gerät selbst nicht genügt, so müßte der Auftrieb des direkt angeschlossenen Kamins mit zu Hilfe genommen werden. Es liegt also an der

Bauart des Gerätes, an der richtigen Übereinstimmung von Auftrieb im Gerät und der Größe der Widerstände im Gerät, ob ein auf das Gerät einwirkender Auftrieb der Abgasleitung notwendig oder entbehrlich ist. Das Streben geht dahin, die Geräte hinsichtlich des Strömungsvorganges selbständig, d. h. von den Kaminen unabhängig zu machen, da — wie schon erwähnt — die auftretenden Störungen in der Abgasleitung auf den Strömungsvorgang im Gerät ungünstig einwirken. Durch Zwischenschaltung eines Zugunterbrechers oder Zugreglers läßt sich das erreichen. Bei solchen Geräten, die nach diesen Grundsätzen gebaut sind, fällt der Abgasleitung lediglich die Aufgabe zu, die vom Gerät abgestoßenen Abgase ins Freie zu bringen. Dazu bedarf die Abgasleitung ihrerseits selbstverständlich des Auftriebes genau so, wie das Gerät selbst; denn für die Fortbewegung der Abgase und die Überwindung der Widerstände im Kamin ist Energie notwendig, die nur aus der Auftriebsenergie der Abgase genommen werden kann. Je nach der Größe der Widerstände ergeben sich meßbare Druckdifferenzen zwischen den Abgasen und der Außenluft.

Zur Orientierung über die Größe der Widerstände in Stromapparaten wurden Widerstandsmessungen an diesen Geräten vorgenommen, die in nachstehenden Versuchen zusammengestellt sind.

Versuche zur Bestimmung der Widerstände in Stromapparaten.

1. Versuchsanordnung. Untersucht wurden zwei Stromautomaten verschiedener Konstruktion. Um die beim Durchströmen von Luft auftretenden Widerstände der einzelnen Konstruktionsteile dieser Gasgeräte kennen zu lernen, wurden die Apparate auseinander genommen und durch die einzelnen Teile bzw. den ganzen Apparat ein Luftstrom geleitet:

1. durch die Verbrennungskammer allein mit eingebauter Lamellenheizfläche,
2. wie 1 + Abgashaube,
3. wie 2 + Ziermantel + geschlossener kegelförmiger Unterbrecher,
4. wie 3 + Brenner = kompl. Apparat.

In den Fällen 1 bis 3 wurde die Luft durch den Apparat oder dessen Teile gedrückt, im Fall 4 durch den Apparat gesaugt. Die Abgashaube wurde luftdicht auf der Verbrennungskammer befestigt, so daß keine Luft aus dem Unterbrecher aus- oder in denselben eintreten konnte.

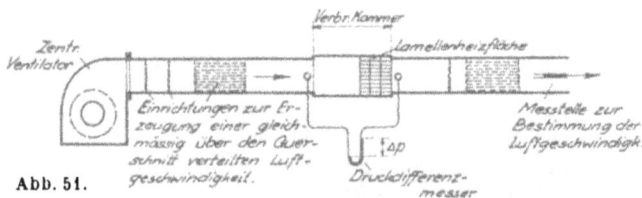

Abb. 51.

Der Druckabfall, welchen der Apparat oder ein Konstruktionsteil davon beim Durchgang der Luft verursachte, wurde durch Differenzmessung unmittelbar vor und hinter dem betreffenden Körper durch einen empfindlichen Druckmesser festgestellt. Aus der vorstehenden Skizze Abb. 51 dürfte die Versuchsanordnung erkennbar sein. In der Skizze ist beispielsweise die Ver-

brennungskammer allein in den Luftkanal eingebaut gezeichnet. Die durchströmende Luftmenge wurde durch Geschwindigkeitsmessungen (mit dem
Anemometer) in einem bekannten Querschnitt ermittelt.

2. Meßwerte. Von den Versuchen an den beiden Stromapparaten a
und b sollen nur die Meßergebnisse aus dem Versuch mit Apparat b im einzelnen mitgeteilt werden. Die Meßwerte bei der Untersuchung des Apparates a
sind in analoger Weise gewonnen. Die Versuche wurden mit Luft von 1,15 kg/m³
Raumgewicht durchgeführt. Jede Messung wurde so oft wiederholt, bis das
Ergebnis einwandfrei war. Meistens genügten schon zwei Messungen.

a) Verbrennungskammer mit Lamellenheizfläche. Der Querschnitt, in welchem die Luftgeschwindigkeit gemessen wurde, betrug 357 cm².

Zahlentafel 21.

Vers. Nr.	Luftgeschw. m/min.	Luftmenge l/min.	Druckdiff. mm W.-S.
1	138,5	4940	4,02
2	123,0	4390	2,44
3	111,0	3960	2,09
4	96,5	3440	1,63
5	77,0	2750	1,12
6	67,5	2400	0,85
7	78,0	2790	1,17
8	92,0	3280	1,53
9	120,5	4300	2,35
10	160,0	5710	3,88

b) Verbrennungskammer + Abgashaube. Der Querschnitt, in
welchem die Luftgeschwindigkeit gemessen wurde, betrug 113,1 cm² (l. Dmr.
= 12 cm).

Zahlentafel 22.

Vers. Nr	Luftgeschw. m/min.	Luftmenge l/min	Druckdiff. mm W.-S.
1	320,0	3620	4,37
2	237,0	2680	2,60
3	186,0	2100	1,65
4	155,5	1750	1,13

c) Verbrennungskammer + Abgashaube + kegelf. geschl.
Zugunterbrecher. Der Querschnitt, in welchem die Luftgeschwindigkeit
gemessen wurde, betrug 113,1 cm² (l. Dmr. = 12 cm.)

Zahlentafel 23.

Vers. Nr.	Luftgeschw. m/min	Luftmenge l/min	Druckdiff. mm S.-W.
1	108	1220	1,40
2	143	1620	2,19
3	176	2000	3,45
4	268	3030	7,42

d) Vollständiger Apparat einschließlich Brenner + kegelf.
Unterbrecher. Die Luft wurde durch den Apparat gesaugt, der Querschnitt, in welchem die Luftgeschwindigkeit gemessen wurde, betrug 200 cm².

Zahlentafel 24.

Vers. Nr.	Luftgeschw. m/min	Luftmenge l/min	Druckdiff. mm W.-S.
1	55	1100	2,00
2	67	1340	3,00
3	85	1700	4,80
4	125	2500	9,00

3. Versuchsauswertung. Da anzunehmen war, daß die Beziehung zwischen Widerstand und Luftmenge eine Potenzfunktion ist, wurden die Meßergebnisse in ein log. Diagramm Abb. 52 eingetragen, in welchem die Verbindung der Meßpunkte eine Gerade ergeben muß, deren Neigung zur Abszissenachse den Exponent der Funktion angibt.

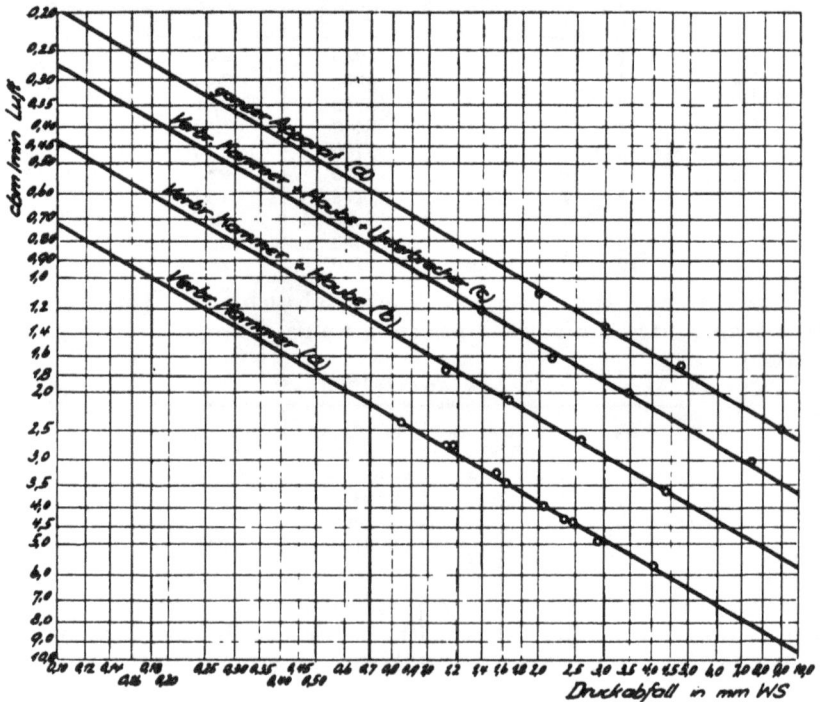

Abb. 52. Widerstände im Stromapparat „b".
Log. Diagramm mit eingetrag. Meßpunkten.

Das log. Diagramm Abb. 52 mit den eingetragenen Meßwerten zeigt den geradlinigen Verlauf der Verbindungslinie der Meßpunkte. Die Funktion, die aus dem Diagramm zu bestimmen ist, lautet: $w = k \cdot Q^{1,765}$. k ist eine Konstante, die z. B. für die Verbrennungskammer 0,21 beträgt und aus dem Diagramm ebenfalls zu entnehmen ist. Durch Verlängerung der Geraden im log. Diagramm in das Gebiet der kleinen Druckdifferenzen wurden die Werte bei geringen durchströmenden Luftmengen gefunden, die sich experimentell nicht mehr messen lassen, da Druckmesser bei diesen kleinen Werten keinen genauen Ausschlag mehr geben. Aus dem log. Diagramm Abb. 52, in welchem die Meßfehler leicht zu beseitigen sind, ist dann das Diagramm Abb. 53 für Apparat b mit gewöhnlichen Koordinaten konstruiert. Es lassen sich aus den Versuchsergebnissen noch die ζ-Werte für die einzelnen Konstruktionsteile des Apparates bestimmen.

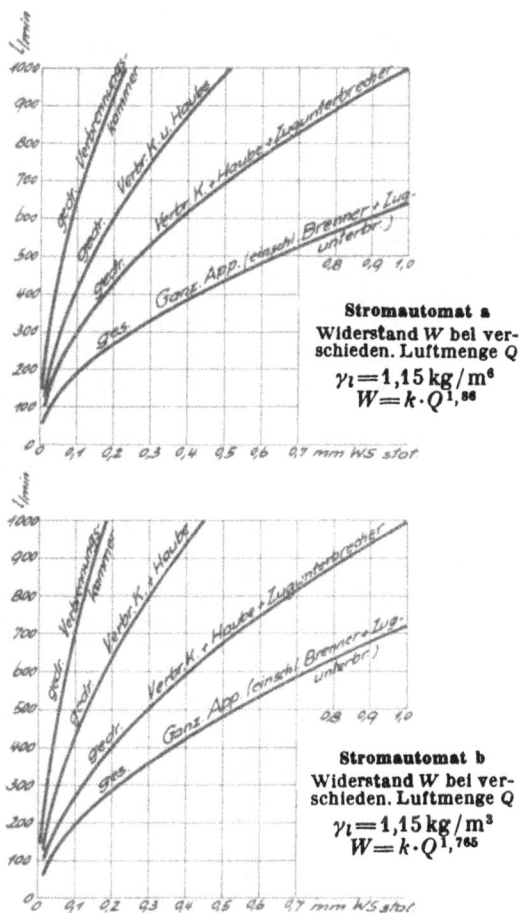

Stromautomat a
Widerstand W bei verschieden. Luftmenge Q
$$\gamma_l = 1{,}15 \, \text{kg}/\text{m}^6$$
$$W = k \cdot Q^{1{,}86}$$

Stromautomat b
Widerstand W bei verschieden. Luftmenge Q
$$\gamma_l = 1{,}15 \, \text{kg}/\text{m}^3$$
$$W = k \cdot Q^{1{,}765}$$

Abb. 53. **Widerstände in Stromapparaten.**

Aus den Versuchen läßt sich erkennen, daß die Abgashaube einen bedeutenden Widerstand hat, der in seiner Größe meist zu gering eingeschätzt wird. Sollen die in mm W.-S. angegebenen Widerstände der Apparate für spezifisch leichtere Verbrennungsgase umgerechnet werden, so sind die bei Verwendung von Luft ($\gamma_l = 1{,}15 \, \text{kg}/\text{m}^3$) gemessenen stat. Drücke des Diagramms bei gleichen Verbrennungsgasvolumen mit dem Faktor $\dfrac{\gamma_2}{1{,}15}$ zu multiplizieren. Beträgt z. B. nach dem Diagramm der Widerstand der Verbrennungskammer allein bei 700 l/min Luft 0,12 mm W.-S., so verringert sich derselbe bei 700 l/min (gemessen bei der betreffenden Temperatur) Verbrennungsgas mit einem Raumgewicht von 0,3 kg/m³ auf $0,12 \dfrac{0,3}{1,15} = 0,031$ mm W.-S.

Die Summe aller Widerstände im Apparat darf bei der Verbrennungsgasmenge, welche bei der maximalen Wärmeleistung durch den Apparat strömt, nicht größer oder kleiner sein, als dem Auftrieb des Gerätes allein entspricht. Von der richtigen Dimensionierung der Widerstände im Verhältnis zum erzeugten Auftrieb des Gerätes hängt die Güte seiner Arbeitsweise ab. Änderungen, z. B. an der Abgashaube eines Geräts, die eine Veränderung des Widerstandes für die Abgasströmung zur Folge haben, verursachen Änderungen im CO_2-Gehalt, also in der Abgaszusammensetzung, und daher auch im Wirkungsgrad des Geräts. Sind bei der einen Konstruktion die Widerstände groß, so muß der Apparat zur Erzeugung des erforderlichen Auftriebes entsprechend hoch ausfallen, hat der Konstrukteur bei einem anderen Apparat sich beispielsweise durch große Gaswegsquerschnitte geringe Widerstände geschaffen, so kommt er mit einer niedrigen Bauhöhe aus, da er zur Hindurchleitung der Verbrennungsgase nur eines geringen Auftriebes bedarf. Würde er trotzdem eine große Bauhöhe wählen, so steigt der Luftüberschuß und der Abgasverlust wird zu hoch. Die kleinste Bauhöhe der Verbrennungskammer muß jedoch so groß sein, daß die Flammen auch bei vorübergehendem Anschwellen des Gasdrucks im Netz sich genügend weit nach oben ausdehnen können.

Durch das Zusammenwirken von Auftriebskraft und Widerständen kommt der Strömungsvorgang im Apparat zustande. Zur Klärung dieser Zusammenhänge in einem Stromapparat sind nachstehende Versuche vorgenommen, deren Ergebnisse zur Aufstellung der Diagramme Abb. 54 geführt haben. Der Zugunterbrecher im Apparat zwischen Lamellenkörper und Abgashaube ist bei dieser Untersuchung außer Betrieb gesetzt worden, der kegelförmige Zugunterbrecher unmittelbar hinter der Abgashaube war jedoch eingeschaltet.

Aufbau der Diagramme Abb. 54. Die Einzeldiagramme sind folgendermaßen entstanden:

Diagramm a und b. Der zu den Versuchen benutzte Apparat a wurde im einzelnen genau vermessen und dabei auch die Heizfläche und die freien Querschnitte für den Weg der Verbrennungsgase festgestellt. Die aus den Vermessungen errechneten Werte für Heizfläche und freien Querschnitt für Abgase wurden in Abhängigkeit von der Höhe des Apparates aufgetragen.

Diagramm c. Die Verbrennungsgastemperaturen betrugen nach den vorgenommenen Messungen bei einer Gaszufuhr von 81,6 Nl/min Gas und etwa 8% CO_2 an den verschiedenen Meßstellen (die Lage der Meßstellen geht aus der Skizze auf Diagramm Abb. 55 hervor):

Zahlentafel 25.

Meßstelle	°C	Meßstelle	°C
1	1009	6	486
2	890	7	331
3	841	8	143
4	773	9	137
5	743	10	126

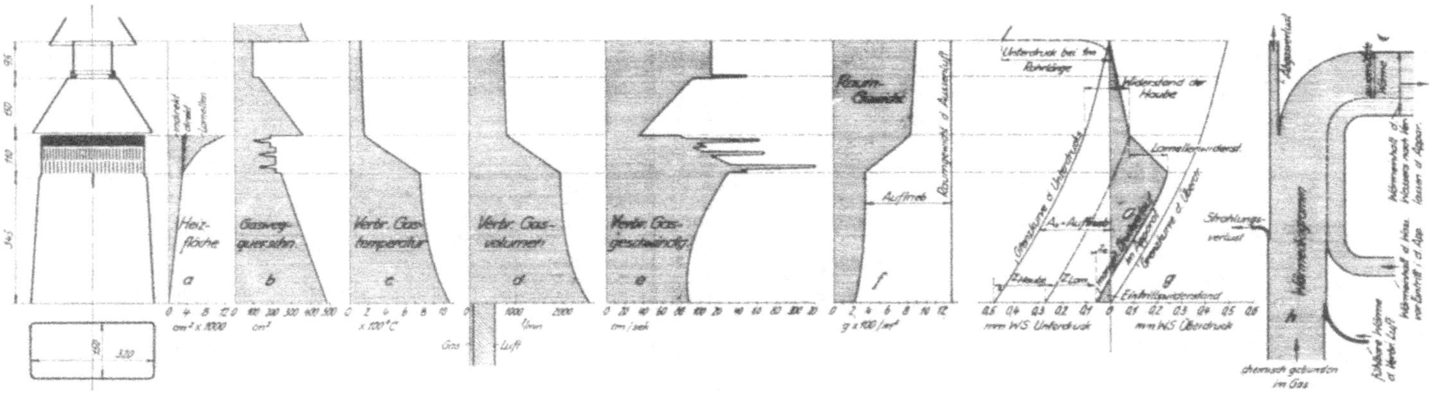

Abb. 54.

Diagramm zur Veranschaulichung der Verhältnisse bei einem Stromapparat, der unter Zwischenschaltung eines Zugunterbrechers
an die Abgasleitung angeschlossen ist.

(Zugunterbrecher im Apparat außer Betrieb gesetzt.)

Diese Werte der Verbrennungsgastemperaturen an den verschiedenen Meßstellen wurden in Abhängigkeit von der Höhe des Apparates aufgetragen und ergeben das Diagramm c.

Diagramm d. Die zugeführte Gasmenge betrug nach den Messungen mit dem Gasmesser 81,6 Nl/min, der CO_2-Gehalt der Abgase wurde zu 8% ermittelt. Aus diesen Meßwerten und der Beschaffenheit des Gases (1 Nm³ Gas ergibt bei vollkommener Verbrennung — ohne Luftüberschuß — mit 3,525 Nm³ Luft 3,2 Nm³ trockene Abgase mit $CO_{2max} = 13\%$ und 700 g Wasser) errechnet sich die minutliche Verbrennungsluftmenge zu:

$$\left(3,2\,\frac{13-8}{8} + 3,525\right) \cdot 0,0816 \cdot \frac{288}{273} = 470 \text{ l/min Verbr.-Luft } (^{15}/_{760}).$$

Das minutliche Verbrennungsgasvolumen bei 8% CO_2 und 100⁰ C errechnet sich zu:

$$\left(3,2 \cdot \frac{13}{8} \cdot \frac{373}{273} + 0,7 \cdot 1,6702\right) \cdot 0,0816 = 675 \text{ l/min } (^{100}/_{760})$$

Bei der Temperatur t ⁰C (t ist die an den Meßstellen 1 bis 10 bestimmte Temperatur) beträgt das Verbrennungsgasvolumen $675\,\dfrac{t+273}{373}$ l/min. Die aus dieser Gleichung errechneten Werte sind in Abhängigkeit von der Höhe des Apparates aufgetragen und ergeben das Diagramm d.

Diagramm e. Die Division des in jeder Höhe des Apparates vorhandenen Verbrennungsgasvolumens (Diagramm d) durch den an der zugehörigen Stelle vorhandenen freien Querschnitt (Diagramm b) ergibt die Werte für die Verbrennungsgasgeschwindigkeiten, die in Abhängigkeit von der Höhe des Apparates aufgetragen sind, wodurch das Diagramm e entsteht.

Diagramm f. Das Raumgewicht der Verbrennungsgase errechnet sich für 100⁰ C und für 760 mm Q.-S. Barometerstand bei 8% CO_2 folgendermaßen: Das feuchte Verbrennungsgasvolumen von 1 Nm³ Gas beträgt

$$3,2 \cdot \frac{12}{8} \cdot \frac{373}{273} + 0,7 \cdot 1,6702 = 8,27 \text{ m}^3,$$

worin enthalten sind 0,7 kg Wasser und

$$\left\{1,293 + \frac{CO_2}{100}\left(0,713 - \frac{4,2}{CO_{2max}}\right)\right\} 3,2 \cdot \frac{13}{8} =$$
$$= \left\{1,293 + \frac{8}{100}\left(0,713 - \frac{4,2}{13}\right)\right\} 3,2 \cdot \frac{13}{8} = 6,89 \text{ kg tr. Abgase.}$$

(vgl. hierzu Gleichung für γ_{g_0}, S. 47).

Das Raumgewicht der feuchten Verbrennungsgase ist daher:

$$\gamma_g = \frac{6,89 + 0,7}{8,27} = 0,918 \text{ kg/m}^3 \text{ für } ^{100}/_{760}.$$

Bei der Temperatur t^0 C (t ist die gemessene Verbrennungsgastemperatur nach Diagramm c) beträgt das Raumgewicht:

$$\gamma_g = 0,918\,\frac{373}{273+t} \text{ kg/m}^3.$$

Durch Einsetzen der gemessenen Verbrennungsgastemperaturen t in diese Formel und durch Eintragung der so errechneten Werte für das Raumgewicht

der Verbrennungsgase in ein Diagramm, welches als Abszisse das Raumgewicht
und als Ordinate die Höhe des Apparates hat, ergibt sich das Diagramm *f*.
(NB. Auch die Gleichung: Verbrennungsgasvolumen × Raumgewicht = konstant läßt sich in Verbindung mit Diagramm *d* gut zur Konstruktion des Diagramms *f* gebrauchen.) Wenn gleichzeitig noch in dieses Diagramm *f* eine Gerade für das Raumgewicht der umgebenden Luft z. B. $\gamma_l = 1,25$ kg/m^3 gezeichnet wird, so läßt sich der Auftrieb $(\gamma_l - \gamma_g)$ in kg/m^3 bzw. mm W.-S.
pro 1 m Höhe in jeder Höhenlage des Apparates ablesen oder abgreifen. Durch
Planimetrieren der Fläche, die zwischen der Raumgewichtskurve der Verbrennungsgase und der Raumgewichtsgeraden der Luft liegt, läßt sich der Wert
des Gesamtauftriebes ($A_{max} = 0,49$ mm W.-S.) bestimmen, wenn die verwendeten Diagrammaßstäbe entsprechend berücksichtigt werden. Dieses ist
geschehen im Diagramm *g*.

Diagramm *g*. Die linke Grenzkurve des theoretisch möglichen Unterdrucks (bei der Verbrennungsgasgeschw. 0 m/s) bzw. des an jeder Stelle im
Apparat wirkenden Auftriebes ist die Integralkurve von der Raumgewichtskurve für die Verbrennungsgase im Diagramm *f* — bezogen auf die Raum-
gewichtsgerade der Luft als Nullinie $(A = \int (\gamma_l - \gamma_g) \cdot dx)$ — und durch Planimetrieren der betreffenden Fläche aus Diagramm *f* gewonnen. In der konstan-
ten horizontalen Entfernung ($A_{max} = 0,49$ mm W.-S.) von der linken (Unter-
druck-) Grenzkurve liegt auf der rechten Seite der Abszissen-Nullinie die rechte
(Überdruck-) Grenzkurve. Zwischen den beiden Grenzkurven muß die Kurve
des manometrischen Druckverlaufs liegen (vgl. Abschnitt V), die in diesem Fall
versuchsmäßig durch Messung der jeweils an einem Punkt im Apparat herrschenden Drücke festgestellt ist. Die Messungen an den verschiedenen Punkten
im Apparat hatten folgendes Ergebnis:

Zahlentafel 26.

Meß-stelle	Druck $^1/_{100}$ mm W.-S.
1	— 1,25
2	+ 0,8
3	+ 9,25
4	+ 17,5
5	+ 23,9
6	+ 17,6
7	+ 16,0
8	+ 7,5
9	+ 4,6
10	— 10,4

Diese Mittelwerte sind in das Diagramm *g* in der Höhe der betreffenden
Meßstellen eingetragen, so daß die Verbindungslinie der Meßpunkte den manometrischen Druckverlauf angibt.

Das Diagramm *g*, auf welches die Untersuchung der Strömungs- und
Druckverhältnisse im Apparate letzten Endes hinaus läuft, zu dessen Konstruktion aber die vorhergehenden Diagramme erforderlich waren, gibt nun Aufschluß über die Umsetzung der im Apparat erzeugten Auftriebsenergie in Strö-
mungs- bzw. Druckenergie. Es besteht auch hier die allgemeine Gleichung:

$$\int\limits^h d h \cdot (\gamma_l - \gamma_g) = \frac{w^2}{2\,g}\,\gamma_g + R \cdot l + \Sigma Z.$$

Die kinetische Energie $\frac{w^2}{2\,g}\,\gamma_g$ und der Betrag $R \cdot l$ für die Reibung der Abgase an den Innenwänden des Apparates sind so gering, daß sie gegenüber den Einzelwiderständen vernachlässigt werden können. Auch die kinetische Energie des aus dem Brenner ausströmenden Gases ist unberücksichtigt geblieben, wodurch gelegentlich der manometrische Druckverlauf im Apparat beeinflußt werden kann. Man kann daher schreiben:

$$\int_0^h d\,h \cdot (\gamma_l - \gamma_g) = \sim \varSigma Z = Z_e + Z_{\text{Lam}} + Z_{\text{Haube}}.$$

Die Auftriebsenergie im Apparat wird vorwiegend zur Überwindung des Eintrittswiderstandes und der Widerstände des Lamellenkörpers und der Abgashaube aufgezehrt. Da Auftriebsenergie und Widerstand an jeder Stelle im Apparat nicht gleich groß sind und sich daher nicht aufheben, ergeben sich Druckdifferenzen zwischen Verbrennungsgasen und Außenluft (vgl. Abschn. V), und zwar stehen wegen des vorhandenen örtlichen (natürlich nicht: eines etwa insgesamt vorhandenen) Überschusses an Auftriebsenergie die Abgase meist unter Überdruck gegenüber der umgebenden Luft.

Der Widerstand des Lamellenkörpers oder der Verbrennungskammer beträgt im Diagramm g etwa 0,215 mm W.-S. Das mittlere Raumgewicht der Verbrennungsgase beim Durchströmen des Lamellenkörpers, auf welchen es hier besonders ankommt, ist nach Diagramm f Abb. 54 etwa 0,58 kg/m³ und das durchströmende Abgasvolumen nach Diagramm d etwa 1360 l/min. Der gleiche Betrag von 0.215 mm muß sich auch aus dem Diagramm a Abb. 53 errechnen lassen. Nach letztem Diagramm ist bei 1000 l/min Luft und $\gamma_l =$ 1,15 kg/m³ der Widerstand der Verbrennungskammer 0,23 mm W.-S. Bei 1360 l/min Luft betrüge der Widerstand 0,23 $(1,360)^{1,86} = 0,408$ mm W.-S. Umgerechnet auf ein Raumgewicht von 0,58 kg/m³ ergibt sich der Widerstand zu $0,408 \cdot \dfrac{0,58}{1,15} = 0.206$ mm W.-S. Man sieht, daß die nach beiden Methoden gewonnenen Zahlenwerte nicht viel voneinander abweichen.

Aus dem Diagramm g geht hervor, daß das Gerät größtenteils unter Überdruck steht, was nach früherem auch der Fall sein muß, da die größten Widerstände im oberen Teil des Apparates (Lamellenkörper und Abgashaube) liegen. Der Druck nimmt hinter dem Lamellenkörper entsprechend seinem Widerstand zwar ab, geht dann aber nicht auf Null oder in das Unterdruckgebiet über, da der Widerstand der Abgashaube zu groß ist. Wäre der im Apparat vorgesehene Zugunterbrecher geöffnet, so würden die Abgase an dieser Stelle teilweise in den Raum austreten. Die Lage des Zugunterbrechers an dier Stelle ist daher ungünstig. Trotzdem dieser Zugunterbrecher im Apparat bei sehr vielen und sonst guten Geräten angebracht ist, muß diese Konstruktion aus dem genannten Grunde als Fehlkonstruktion bezeichnet werden. Es ist im Interesse einer guten Abgasabführung diese Unterbrechung der Abgasleitung an der Stelle kurz vor dem Haubenwiderstand von einigen Firmen fortgelassen; die meisten Firmen, deren Geräte außerordentlich verbreitet sind, halten jedoch an der jetzigen Ausführung noch fest und begründen ihr Verhalten mit mancherlei Hinweisen, die oft nur ein geringes Verständnis für das Wesen der Abgasabführung und für seine Auffassung als Strömungsvorgang erkennen lassen. Während bei der Abgasleitung von kohlenbeheizten Öfen jede Möglichkeit von

Falschlufteintritt in der richtigen Erkenntnis der ungünstigen Beeinflussung der Abgasabführung ängstlich vermieden wird, fällt man hier oft in das andere Extrem und hält es bei der Abgasleitung von Gasfeuerstätten — mit Unrecht — für angebracht, so viele Unterbrechungen vorzusehen, als konstruktiv nur möglich sind. Jedes Loch im Abzugsrohr oder Gerät wird — unbeschadet seiner verkehrten Lage, seiner unrichtigen Größe und seiner zweckwidrigen Wirkungsweise — von vielen als Zugunterbrechung bezeichnet und für gut befunden. Die Konstruktion der Zugunterbrecher in den Geräten zwischen Lamellenkörper und Abgashaube widerspricht dem Grundsatz, daß die Unterbrecher an Stellen geringen Unterdrucks in der Abgasleitung eingebaut werden sollen. Vor Einzelwiderständen — also auch vor dem Haubenwiderstand — herrscht sehr leicht Überdruck; es hängt dieses jedoch von dem gesamten manometrischen Druckverlauf ab, der sich je nach Auftrieb und Widerständen bildet.

Die Einwirkung eines verschieden großen Auftriebes der Abgasleitung auf den Strömungsvorgang im Gerät bei direktem Anschluß an das Abzugsrohr, ferner die Wirkungsweise des Zugunterbrechers zwischen Lamellenkörper und Abgashaube und des kegelförmigen Unterbrechers zwischen Haube und Abgasleitung gehen aus folgenden Versuchen hervor:

Versuche über die Einwirkung eines veränderlichen Auftriebes in der Abgasleitung auf die Druck-, Temperaturund Strömungsverhältnisse im Gasgerät.

1. Zweck des Versuches. Die Strömungsverhältnisse und die Druckverteilung in Gasgeräten werden durch die am Austritt der Abgase aus dem Gerät herrschenden Drücke stark beeinflußt. Von der Druckverteilung im Apparat hängt es ab, ob Abgase aus dem eingebauten Zugunterbrecher austreten oder nicht. Die Klärung dieser Zusammenhänge ist für die Praxis von großer Bedeutung, da ein großer Teil der beim Betrieb von Gasgeräten vorkommenden Anstände auf mangelhafte Abgasabführung zurückzuführen ist. Gleichzeitig ist der Änderung des CO_2-Gehaltes bzw. des Luftüberschusses, der Änderung der Abgastemperaturen und der Arbeitsweise der Zugunterbrecher Beachtung zu schenken, um den günstigen oder ungünstigen Einfluß der Unterbrecher auf die Arbeitsweise der Geräte zu ermitteln.

2. Versuchsanordnung. Die Abgasleitung eines mit normaler Wärmeleistung betriebenen Stromautomaten wurde durch Hinzufügen oder Abnehmen von 1 m langen Rohrstücken verkürzt oder verlängert. Die größte Länge der Abgasleitung betrug 3 m. Schon bei einer Längenänderung der Abgasleitung von 0 auf 3 m sind die durch den verschieden großen Auftrieb hervorgerufenen Änderungen im Druckverlauf, im CO_2-Gehalt usw. mit der nötigen Deutlichkeit nachzuweisen. Das Abgasrohr bestand aus Papprollen von 120 mm Dmr. und etwa 4 mm Wandstärke. Die Versuchsanordnung, ferner die Lage und Bezeichnung der Meßstellen geht aus der Skizze im Diagramm Abb. 55 hervor.

Um den Einfluß der veränderlichen Zugstärke auf die Druckverteilung im Apparat bei vorhandenem oder fortgelassenem bzw. unwirksam gemachtem Unterbrecher festzustellen, mußten die Versuche nach folgenden Gesichtspunkten angestellt werden:

1. Direkter Anschluß der Abgasleitung an die Abgashaube

    a) bei unwirksam gemachtem Unterbrecher im Apparat (zwischen Lamellen und Abgashaube befindlich (vgl. Skizze auf der Abb. 55),

    b) mit wirksamem Unterbrecher im Apparat (vgl. Skizze auf Abb. 56);

2. Anschluß der Abgasleitung an das Gerät unter Zwischenschaltung eines kegelförmigen Unterbrechers

    c) mit unwirksam gemachtem Unterbrecher im Apparat (vgl. Skizze Abb. 57),

    d) mit wirksamem Unterbrecher im Apparat (vgl. Skizze Abb. 57).

Außerdem wurden noch Messungen gemacht bei geschlossenem kegelförmigem Unterbrecher und wirksamem bzw. unwirksamem Unterbrecher im Apparat. Diese letzten Versuche haben aber nicht viel gebracht und sind deshalb hier nicht weiter behandelt.

Die obigen Versuche 1a, 1b, 2c, 2d wurden je mit 4 verschiedenen Höhen der Abgasleitung durchgeführt: bei $h = 0$, $h = 1$ m, $h = 2$ m und $h = 3$ m.

Die höheren Temperaturen wurden mittels Thermoelemente, die niedrigen mittels Quecksilberthermometer gemessen, der CO_2-Gehalt mittels Orsatapparates und die Drücke mit einem empfindlichen Druckmesser.

3. Meßergebnisse. Die Wärmeleistung des Apparates war auf die Normalleistung einreguliert: Erwärmung von etwa 11 kg/min Wasser von 10 auf 35° C. Die gemessenen Werte sind auf der Zahlentafel 27 zusammengestellt. Auf große Genauigkeit der Temperaturmessungen der Verbrennungsgase in der Verbrennungskammer wurde kein besonderer Wert gelegt, da sonst die Strahlung der kalten Wandungen durch Verwendung eines Absaugepyrometers hätte berücksichtigt werden müssen. Diese Temperaturmessungen dienen deshalb nur zur Orientierung.

4. Versuchsauswertung. Die Meßwerte wurden zur Aufstellung der Diagramme Abb. 55, 56, 57 und 58 benutzt. Das ausführlich gehaltene Diagramm Abb. 55 zeigt an, wie bei der Aufstellung dieser Diagramme vorgegangen ist: In der Höhe der betreffenden Meßstelle wurden in die seitlich der Anordnungsskizze vorgesehenen Druck- und Temperaturskalen die Meßwerte eingetragen und die Meßpunkte durch Linien verbunden.

Die Veränderung der Verbrennungsluftzufuhr mit der veränderten Kaminhöhe ist nach Art eines Sankey-Diagramms dargestellt. Die jeweiligen Verbrennungsluftmengen wurden hierbei aus den CO_2-Messungen in folgender Weise berechnet: bei einem Gas, welches bei vollkommener Verbrennung mit 3,525 m³ Luft (ohne Luftüberschuß) 3,2 m³ trockene Abgase mit 13% CO_{2max} liefert, beträgt die Verbrennungsluftmenge bei CO_2 % Kohlensäuregehalt:

$$3,2 \frac{CO_{2max} - CO_2}{CO_2} + 3,525 \text{ Nm}^3 \text{ Luft/Nm}^3 \text{ Gas.}$$

Wird die Verbrennungsluftmenge, welche bei $h = 0$ m pro 1 Nm³ Gas angesaugt wird, mit 100% bezeichnet — in diesem Fall also für $CO_2 = 9,5\%$ — so läßt sich das Vielfache dieser Luftmenge bei einem anderen CO_2-Gehalt leicht bestimmen: z. B. für $h = 0$ m ist $CO_2 = 9,5\%$ und die Verbrennungsluftmenge

$$3,2 \frac{13 - 9,5}{9,5} + 3,525 = 4,703 \text{ Nm}^3 = 100\%.$$

Zahlentafel 27. Versuchsnotierungen.

Druckmessungen in $^1/_{100}$ mm W.-S.

Meß-stelle	Versuch 1a h=0	h=1	h=2	h=3	Versuch 1b h=0	h=1	h=2	h=3	Versuch 2c h=0	h=1	h=2	h=3	Versuch 2d h=0	h=1	h=2	h=3
1	−3	−5	−7	−8	−2	−5	−5	−5	−1	−1	−2	−1	0	−2	−2	−1
2	−1	−3	−5	−6	0	−3	−2	−3	−2	−1	0	0	−1	−1	0	0
3	+10	+6,5	+4	+1	+9	+2	+2	+1	+9	+10	+8	+10	+8,5	+10	+12	+10
4	+17	+14	+11	+8	+21	+17	+12	+10	+17	+17	+17	+19	+18	+18	+20	+17
5	+26	+19	+17	+14	+28	+22,5	+19	+16	+23	+24	+23,5	+25	+23	+23	+25	+23
6	+19	+11	+5	+2	+18	+11	+7,5	+7	+17,5	+17	+17	+19	+13	+13	+14	+14
7	+15	+5	+2	+10	+18	+7,5	+6	+5	+16	+16	+15	+17	+12	+12	+12	+12
8	+11	+13	+17	+27	+17	+16,5	+11	+12,5	+8	+4,5	+7	+8	+4	+3,5	+4	+4
9	−7	−23	−33	−45	+10	−63	−23	−28	+5	−10	−4	−5	+2	+5	+1	+3
10	+11	−65	−87	−118	−9	−56	−77	−104	+9	−38,5	−11	−11,5	+8	+9	+10	+1
11		−59	−78	−102	(−10)	−30	−69	−94	(−3)	−23	−52	−66	0	−37	−52	−6
12		−35	−62	−81		(−17)	−52	−76		(−10)	−38	−51,5		−24	−41	−51,5
13		(−19)	−47	−68			−40	−65			−29	−41		(−11)	−32	−41
14			−34	−58			−29	−50			−21	−32			−23	−32
15			(−21)	−45			(−18)	−40			(−11)	−26			(−11)	−27
16				−35				−32				−19				−18
				(−25)				(−19)				(−13)				(−10)

Temperaturmessungen in °C

Meß-stelle	Versuch 1a h=0	h=1	h=2	h=3	Versuch 1b h=0	h=1	h=2	h=3	Versuch 2c h=0	h=1	h=2	h=3	Versuch 2d h=0	h=1	h=2	h=3
1	1050	1050	1020	1000	1040	1040	1015	980	1010	1010	1008	1008	1006	960	1008	980
2	952	937	920	910	940	930	940	885	875	890	895	900	865	875	875	890
3	890	890	865	870	865	850	840	835	855	820	830	860	860	835	830	845
4	828	830	800	828	820	800	810	775	775	765	765	785	775	785	785	775
5	785	755	745	775	755	750	775	730	755	735	725	755	755	760	745	735
6	545	495	575	585	585	590	605	595	485	485	475	500	485	480	490	485
7	335	385	375	465	385	395	405	415	340	305	340	340	362	385	355	385
8	138	156	162	195	(150)	167	170	174	143	146	136	145	157	160	163	(160)
9	124	142	156	165		145	138	137	138	138	131	140	146	150	146	150
10	117	137	142	157		127	122	114	125	132	127	119	145	143	144	142
11		121	130	136		115	115	110		107	100	97		110	105	99
12		120	125	129		113	110	107		102	93	89		103	97	91
13			123	128			109	107			90	87			94	88
14			120	126			108	106			87	84			91	84
15				123				105				82				83
16				121				103				80				81

CO_2 in %

Meß-stelle	Versuch 1a h=0	h=1	h=2	h=3	Versuch 1b h=0	h=1	h=2	h=3	Versuch 2c h=0	h=1	h=2	h=3	Versuch 2d h=0	h=1	h=2	h=3
8	9,5	7,0	5,0	4,3	8,5	7,5	7,1	6,7	7,8	7,5	7,6	7,8	7,7	7,3	7,6	7,5
10					8,4	6,7	5,0	4,2	7,5	6,5	6,0	5,8	6,9	5,6	5,1	4,8
11																

NB. Die eingeklammerten Zahlenwerte sind die Drücke am Rohrende.

Für $h = 1$ m ist $CO_2 = 7,0\%$ und die Luftmenge

$$\frac{3,2 \cdot \dfrac{13-7}{7} + 3,525}{4,703} \cdot 100 = 133\%.$$

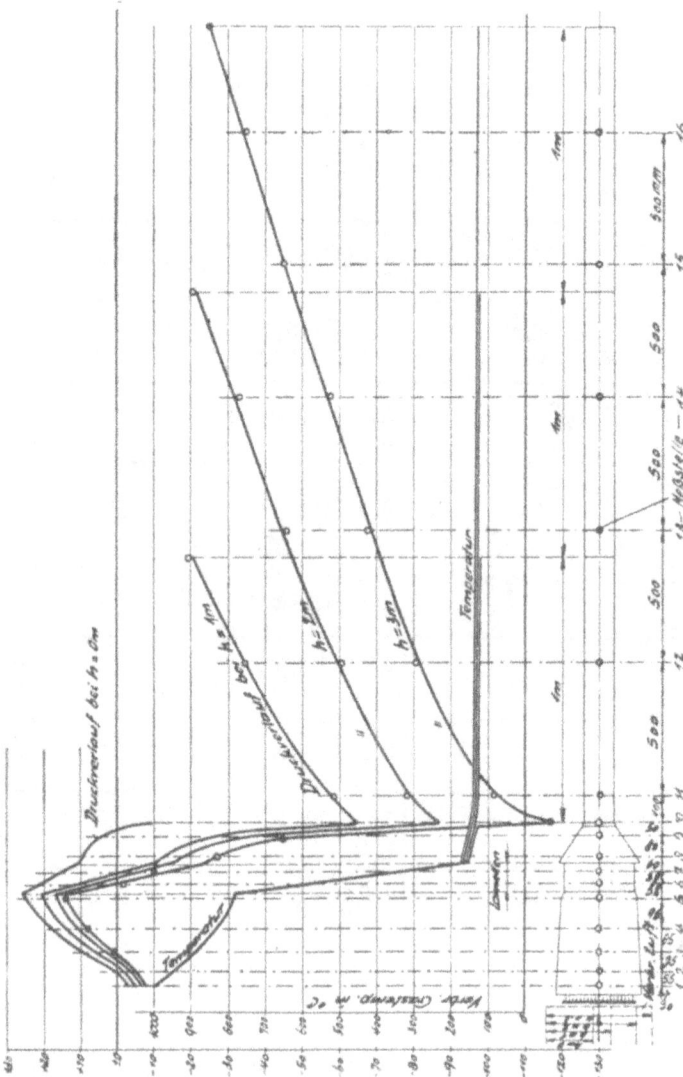

Abb. 55. Druck- und Temperaturverlauf im Apparat und in der Abgasleitung bei verschiedenen Höhen des Abzugrohres. Ohne Zugunterbrecher in der Abgasleitung. Ohne Zugunterbrecher im Apparat.

Die Prozentwerte nebenstehender Zahlentafel 28 wurden in geeignetem Maßstab zur Darstellung des Verbrennungsluftstromes auf Diagramm Abb. 55 verwandt.

Zahlentafel 28.

h m	CO$_2$ %	Verbr. Luft- menge %
0	9,5	100
1	7,0	133
2	5,0	183,6
3	4,3	213

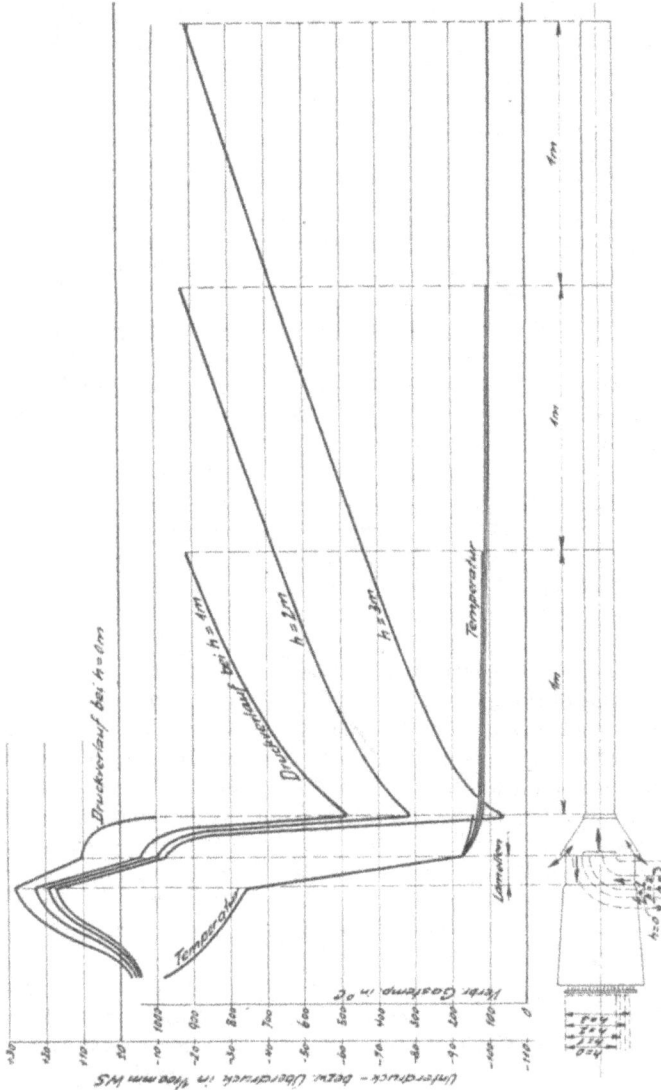

Abb. 58. Druck- und Temperaturverlauf im Apparat und in der Abgasleitung bei versch. Höhen des Abzugrohres. Ohne Zugunterbrecher in der Abgasleitung. Mit Zugunterbrecher im Apparat.

Die Aufstellung der übrigen Diagrammkurven ist unmittelbar nach den Meßwerten gemacht und ohne weiteres verständlich.

Aus den Diagrammen läßt sich folgendes erkennen: Abb. 55 stellt den Fall dar, daß ein Stromapparat direkt an das Abzugsrohr angeschlossen und der Unterbrecher im Gerät durch Verschließen der Öffnung unwirksam gemacht ist. Ist $h = 0$, so ist der Überdruck im Apparat am größten, die Verbrennungsluftmenge und die Abgastemperatur am geringsten. Die Abgashaube steht unter Überdruck. Je größer h wird, desto mehr fallen die Druckverlaufskurven in das Unterdruckgebiet, desto größer werden die Verbrennungsluftmengen und desto höher die Abgastemperaturen. Der Temperaturverlauf der Verbrennungsgase vom Brenner bis zu den Lamellen wird durch die Höhe des Abzugsrohres nicht sehr stark beeinflußt und spielt auch bei dieser Untersuchung keine große Rolle. Auf eine detaillierte Wiedergabe dieses Kurvenzweiges ist daher verzichtet. Zu erkennen ist, daß der Überdruck in der Haube bei $h = 0$ sich bei größerem h in Unterdruck verwandelt, der Unterbrecher daher bei $h = 0$ Abgase austreten lassen, bei $h = 0,35$ bis $0,5$ m aber anfangen würde, Luft eintreten zu lassen.

Dieser Fall mit geöffnetem Zugunterbrecher zwischen Lamellen und Haube ist an dem Diagramm der Abb. 56 erörtert. Ist $h = 0$, so treten die Abgase wegen des in der Haube herrschenden Überdrucks aus der Unterbrecheröffnung aus. Je größer h wird, desto mehr fallen die Druckkurven in das Unterdruckgebiet. Da der Überdruck in der Haube sich ebenfalls bei einem gewissen h in Unterdruck verwandelt, tritt Mischluft in die Öffnung zu den Abgasen, deren Menge um so größer wird, je größer die Höhe des Abzugsrohres ist. Dieser Zugunterbrecher ist in seiner Wirkung jedoch nicht so vollkommen, daß er verhindert, daß die dem Apparat zuströmende Verbrennungsluftmenge mit der Höhe des Abzugsrohres sich verändert. Jedoch ist seine dämpfende Wirkung aus dem Vergleich mit dem Diagramm Abb. 55 wohl zu erkennen. Die Abgastemperatur nach dem Unterbrecher fällt mit steigendem h.

In Abb. 57 ist der Fall dargestellt, daß der Apparat unter Zwischenschaltung eines kegelförmigen Zugunterbrechers an die Abgasleitung angeschlossen ist. Der Unterbrecher zwischen Lamellen und Haube ist in und außer Betrieb gewesen. Der Druckverlauf im Gerät ist trotz wechselnder Höhe des Abzugsrohres bzw. trotz des veränderlichen Auftriebes in der Abgasleitung konstant geblieben, der kegelförmige Zugunterbrecher erfüllt also seinen Zweck: die Verbrennungsluftmenge und der CO_2-Gehalt sind konstant. Die Haube steht immer unter Überdruck und die Abgase treten aus der Unterbrecheröffnung zwischen Lamellen und Haube aus. Das Austreten der Abgase kann nur dadurch verhindert werden, daß zwischen Haube und kegelförmigen Unterbrecher ein Rohrstück geschaltet wird, in welchem so viel Auftrieb erzeugt wird, daß der Überdruck sich in Unterdruck verwandelt (vgl. Abb. 55). Außerdem ist notwendig, daß in diesem Rohrstück kein Einzelwiderstand (Knie oder dgl.) sich befindet, da sonst die erwartete Wirkung nicht eintreten kann. Die Anbringung eines längeren geraden Rohrstückes stößt aber in der Praxis auf große Schwierigkeiten, da die Entfernung von der Abgashaube bis zur Decke des Aufstellungsraumes meistens zu gering ist, um ein Rohrstück von etwa $0,5$ m, einen kegelförmigen Unterbrecher, ein weiteres gerades Rohrstück und einen Krümmer zum Anschluß an den Kamin unterzubringen. Auf eines von den beiden geraden Rohrstücken muß meistens verzichtet werden und die notwendige Folge ist ein Austreten von Abgasen aus einem der beiden Unterbrecher. Das Hintereinanderschalten von zwei Unterbrechern mit geringem Zwischenraum ist nicht nur zwecklos, sondern sogar schädlich. Aus den Untersuchungen des kegelförmigen Unterbrechers (Diagramm Abb. 48) ist ersichtlich, daß dieser allein bereits vollauf genügt. Die Unterbrecher in den

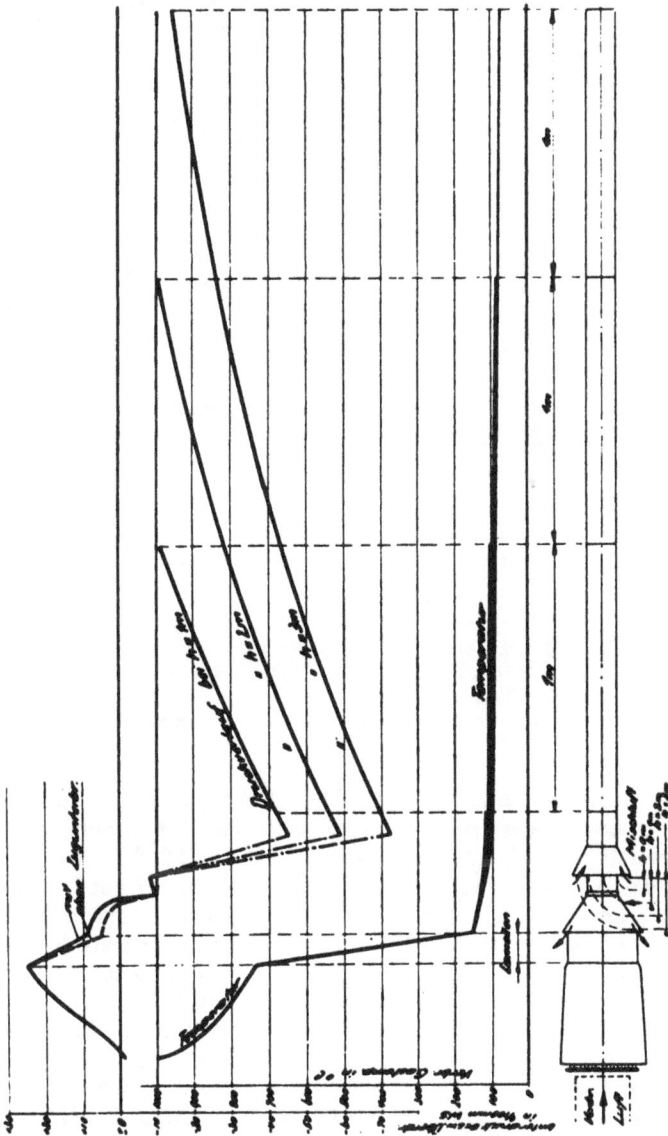

Abb. 57. Druck- und Temperaturverlauf im Apparat und in der Abgasleitung bei verschiedenen Höhen des Abzugsrohres. Mit Zugunterbrecher in der Abgasleitung. Mit und ohne Zugunterbrecher im Apparat.

Geräten sollten daher fortfallen und, wo Schwierigkeiten beim Abzug der Abgase bestehen, werden die Löcher und Schlitze in den Ziermänteln zweckmäßig zugeklebt. In den meisten Fällen tritt dadurch bereits die gewünschte Verbesserung ein. Selbstverständlich ist diese Maßnahme nur dann zu ergreifen, wenn ein kegelförmiger Unterbrecher vorhanden ist. In Zukunft wird man daher besser die jetzigen Unterbrecher zwischen Lamellen und Haube fortlassen und einen Unterbrecher mit gleicher Wirkung wie bei dem kegelförmigen Unterbrecher nach Zusammenfassung der Abgase in der Haube nach dieser vorsehen. Konstruktiv kann natürlich Haube und Unterbrecher zu einer gefälllgen Form vereinigt werden (vgl. Abb. 59 Anordnung III).

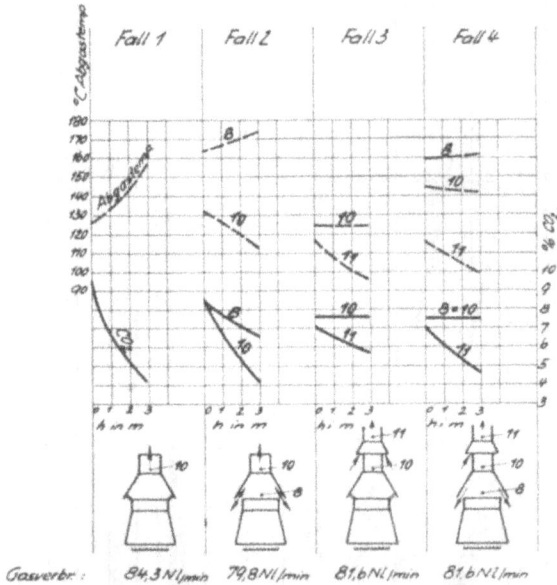

Abb. 58. **Abhängigkeit der Abgastemp. und des CO₂-Gehaltes von der Höhe des Abzugsrohres bei verschiedener Anordnung von Unterbrechern.**

In Abb. 58 sind die Temperaturen und CO_2-Werte der Abgase in Abhängigkeit von der Höhe des Abzugsrohres bei verschiedener Anordnung der Unterbrecher dargestellt: Fall 1 entspricht der Abb. 55, Fall 2 der Abb. 56, Fall 3 der Abb. 57 ohne Unterbrecher im Gerät, Fall 4 der Abb. 57 mit Unterbrecher im Gerät. Wie aus Fall 1 zu erkennen ist, steigt bei direktem Anschluß des Gerätes an die Abgasleitung ohne Verwendung irgendeines Unterbrechers die Abgastemperatur unter gleichzeitigem Abfall des CO_2-Gehaltes. Beide Veränderungen wirken sich in einer Erhöhung des Abgasverlustes aus, so daß der Wirkungsgrad rasch fällt. Eine Vorrichtung zur Gleichhaltung des Strömungsvorganges im Gerät läßt sich daher nicht umgehen. Die unvollkommene Arbeitsweise des Unterbrechers zwischen Lamellen und Haube geht aus dem Diagramm Fall 2 hervor: steigende Abgastemperaturen und fallender CO_2-Gehalt bei der Meßstelle *8*, also ebenfalls Verschlechterung des Wirkungsgrades bei wachsendem Unterdruck am Anfang der Abgasleitung. Die Werte der Meßstelle *10* dienen nicht zur Beurteilung der Wärmeausnutzung des Gerätes, sondern sind Ergebnisse der Mischung von Luft mit Abgasen, charakterisieren also die Arbeitsweise des Unterbrechers im Gerät. Fall 3 ergibt unter

den verschiedenen Versuchsanordnungen in jeder Hinsicht die besten Ergebnisse: der Unterbrecher im Gerät ist ausgeschaltet, unmittelbar über der
Haube der kegelförmige Unterbrecher eingebaut, kein Austreten der Abgase,
konstanter CO_2-Gehalt und konstante Abgastemperatur bei der Meßstelle 10
trotz wechselnder »Zugstärke« in der Abgasleitung. Im Fall 4 sind zwar
Temperatur und CO_2-Gehalt der Meßstelle 10 ebenfalls ziemlich konstant, aber
die Abgase treten aus dem Unterbrecher im Gerät aus; demnach keine Vor-
teile gegenüber Fall 3 sondern nur Nachteile[1]).

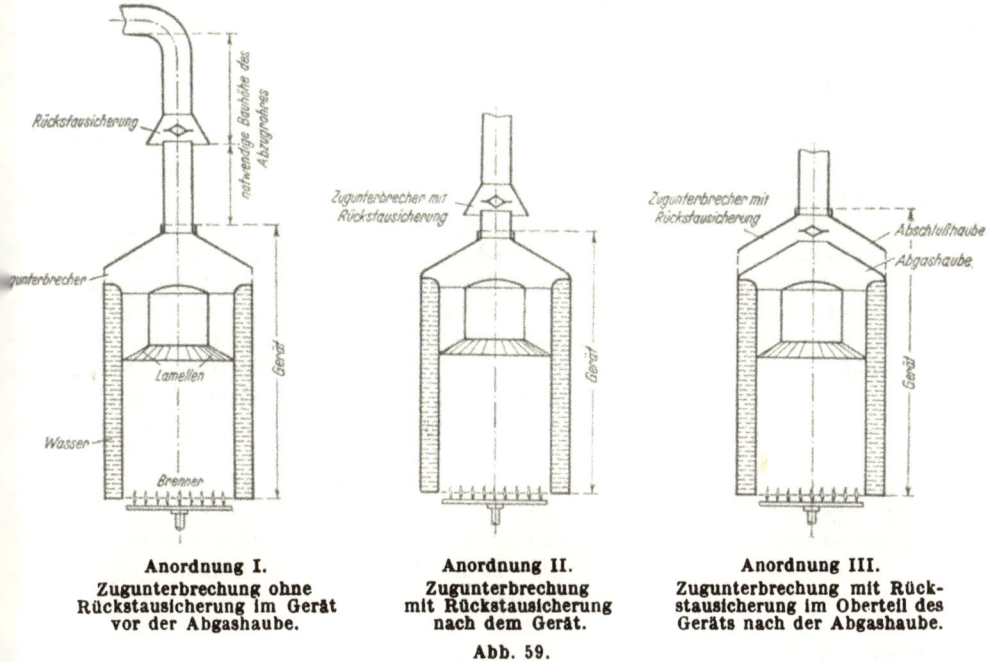

Anordnung I.	Anordnung II.	Anordnung III.
Zugunterbrechung ohne Rückstausicherung im Gerät vor der Abgashaube.	Zugunterbrechung mit Rückstausicherung nach dem Gerät.	Zugunterbrechung mit Rück-stausicherung im Oberteil des Geräts nach der Abgashaube.

Abb. 59.

Der Anschluß des Gerätes an die Abgasleitung wird daher bei den Geräten
ohne eingebauten Zugunterbrecher (Anordnung II, Abb. 59) in folgender Weise
vorzunehmen sein: Unmittelbar auf die Abgashaube den kegelförmigen Unterbrecher setzen, dann ein gerades vertikales Rohrstück, dessen Länge sich nach
den folgenden Einzelwiderständen und nach dem Auftrieb (Temperatur!) richtet:
ist der Widerstand groß (z. B. Kniestück in einer sonst engen Abgasleitung), so
muß das Rohrstück länger sein, damit sicher verhindert wird, daß die Abgase aus
der Unterbrecheröffnung austreten; ist der Widerstand nur gering (z. B. Bogen-
stück), so kann auch das gerade Rohrstück kürzer ausfallen. Die geringste
Baulänge des Rohrstücks ergibt sich bei bekanntem Einzelwiderstand (Wert
für ζ) ohne weiteres aus dem früher entwickelten Diagramm Abb. 8 zur Ermittlung des Druckverlaufs. Abgasrohre sind möglichst aus leichten isolierten

---

[1]) Die Temperaturdifferenz zwischen den Meßstellen 8 und 10 im Fall 4 bei
bei $h = 0$ sind zum Teil auf unvollkommene Mischung der Abgase an den betreffenden Stellen zurückzuführen; wie überhaupt die Meßwerte außerordentlich
von der Lage der Meßstellen im Abgasstrom abhängig sind.

Metallrohren herzustellen. Bei der Projektierung des Abzugsrohres ist jedoch auch auf die weiter folgenden Einzelwiderstände im Kamin und auf die Abkühlung infolge Wärmeverluste durch die Wandung und infolge Zumischung von Kaltluft Rücksicht zu nehmen. Wenn unter diesen Voraussetzungen die Abgasleitung gebaut wird, fallen die oft anzutreffenden Mißstände fort.

Ein Gerät mit eingebautem Zugunterbrecher, welcher vor der Abgashaube liegt (Anordnung I. Abb. 59), wird in folgender Weise an die Abgasleitung zu schließen sein: auf die Abgashaube des Geräts ein vertikales Rohrstück von solcher Länge setzen, daß der hierin erzeugte Auftrieb den Überdruck in der Haube (also am Zugunterbrecher) beseitigt oder in geringen Unterdruck verwandelt. Erst nach diesem vertikalen Rohrstück darf die Rückstausicherung in die Abgasleitung eingebaut werden. Das Austreten von Abgasen aus der Öffnung der Rückstausicherung muß durch ein zweites vertikales Rohrstück verhindert werden, welches unmittelbar der Rückstausicherung folgt. Ein Nachteil dieses Anschlusses ist — wie erwähnt — die erforderliche große Bauhöhe des Ab-zugsrohres.

Wird aber der Oberteil des Gerätes so ausgebildet, daß die Zugunterbrechung mit Rückstausicherung nach der Abgashaube im oberen Abschlußdeckel des Geräts untergebracht wird (Anordnung III, Abb. 59), so ist damit der Vorteil verbunden, daß der Widerstand der Abgashaube für die Zugunterbrechung umgangen ist, das Gerät in sich einen konstanten vom Kamin unabhängigen Auftrieb hat, Zugunterbrechung und Rückstausicherung in das Gerät verlegt sind und eine zusätzliche Vorrichtung in der anschließenden Abgasleitung fortfällt. Das Gerät wird mittels kurzen vertikalen Rohrstücks an den Kamin angeschlossen. Das Gerät wird bei dieser Ausführung zwar um etwa 10 cm höher als die jetzigen, aber die erforderliche Bauhöhe des Gerätes plus Anschlußleitung fällt am geringsten aus. Mit einem solchen Gerät ausgeführte Versuche haben gute Ergebnisse gezeigt. Der Unterschied im Anschluß der verschiedenen Geräte an die Abgasleitung geht aus der schematischen Darstellung Abb. 59 hervor.

Bei der Installation kommt oft folgender Fehler vor: bei einer Anlage, bei der z. B. ein Badeofen seitlich — etwa 1 oder 2 m — vom Kamin aufgestellt ist, wird die Verbindung des Gerätes mit dem Kamin gewöhnlich unter Verwendung eines kurzen vertikalen Rohrstückes, eines Krümmers, eines horizontalen Rohrstückes und eines zweiten Krümmers hergestellt. Da das horizontale Rohrstück keinen Auftrieb erzeugt, muß das vertikale Rohrstück so lang gewählt werden, daß dadurch die Widerstände der beiden hintereinander geschalteten Krümmer und die Rohrreibung berücksichtigt werden, sonst treten die Abgase aus (vgl. Abb. 22). Häufig wird aber nur der Widerstand des ersten Krümmers beachtet und das vertikale Rohrstück immer gleich lang gemacht ohne Rücksicht, ob der Anschluß mit nur einem oder mehreren Krümmern vorgenommen wird.

IX. Temperaturveränderungen in der Abgasleitung, ihre Ursachen und Wirkungen auf die Arbeitsweise des Kamins.

Abgase, die mit einer gewissen Temperatur t_{g_a} ⁰ C in die Abgasleitung eintreten, verändern gewöhnlich auf dem Wege bis zum Austritt aus der Abgasleitungs ins Freie ihre Temperatur. Die Austrittstemperatur t_{g_e} kann größer oder kleiner sein als t_{g_a}, je nachdem den Gasen in der Abgasleitung Wärme zu- oder von diesen abgeführt wird. Da Temperaturveränderungen der Abgase im Kamin das Raumgewicht und damit den Auftrieb verändern, ist die Größe dieses Einflusses auf den Strömungsvorgang festzustellen, damit er bei der Berechnung der Kaminabmessungen ev. berücksichtigt werden kann. Ferner hängt die Ausscheidung von Feuchtigkeit aus den Abgasen von Temperaturveränderungen ab.

a) Wärmezufuhr von außen durch eine Wandung.

Temperatursteigerungen können z. B. dadurch eintreten, daß die Abgasleitung unmittelbar neben einem Kamin liegt, in welchem sich heißere Gase befinden. Infolge des Temperaturgefälles geht Wärme von den heißen Gasen des Nebenkamins zu den kälteren Gasen der Abgasleitung durch die Wandung über und erhöht dadurch ihre Temperatur, vergrößert ihr Volumen und erniedrigt das Raumgewicht, wodurch der Auftrieb $h\,(\gamma_l - \gamma_g)$ größer wird. Die Abgasleitung bewältigt daher unter sonst gleichen Bedingungen eine größere Abgasmenge. Um die Abzugsverhältnisse bei schlecht arbeitenden Kaminen zu verbessern, wird dieses Mittel in der Praxis auch gelegentlich angewendet, wobei dann meistens noch Vorkehrungen getroffen werden, daß die von einem zum anderen Gas übergehende Wärme so groß wird, als es die hierdurch verringerten Zugverhältnisse des sonst gut arbeitenden Nebenkamins gerade noch gestatten.

b) Mischung von heißen und kalten Gasen.[1]

Eine Temperaturveränderung der Abgase tritt auch dann ein, wenn heiße Gase mit kälteren Gasen gemischt werden und umgekehrt. Bei Mischung von Q_1 Nm³ Abgasen mit der Temperatur t_1 und der spez. Wärme C_{p_1} mit Q_2 Nm³ Abgasen von t_2 ⁰C und C_{p_2} WE/Nm³ und ⁰C entsteht ein Gemisch von der Temperatur t_x, das der Gleichung genügt:

$$t_x = \frac{Q_1 \cdot C_{p_1} \cdot t_1 + Q_2 \cdot C_{p_2} \cdot t_2}{Q_1 \cdot C_{p_1} + Q_2 \cdot C_{p_2}}\ {}^0\mathrm{C}.$$

Ist C_{p_1} gleich C_{p_2}, so ist:

$$t_x = \frac{Q_1 \cdot t_1 + Q_2 \cdot t_2}{Q_1 + Q_2}\ {}^0\mathrm{C}.$$

[1] Vgl. die Abhandlung von Wunsch, GWF 1926, Heft 40.

Werden Gase von höherer Temperatur in die mit kälteren Abgasen gefüllte Abgasleitung eingeleitet, etwa solche von kohlenbeheizten Öfen, so können unter gewissen Voraussetzungen die Zugverhältnisse des Abgaskamines des Gasgerätes dadurch verbessert werden. Umgekehrt werden aber durch Zumischung von kälteren Gasen oder von Außenluft, welche durch etwaige Undichtheiten

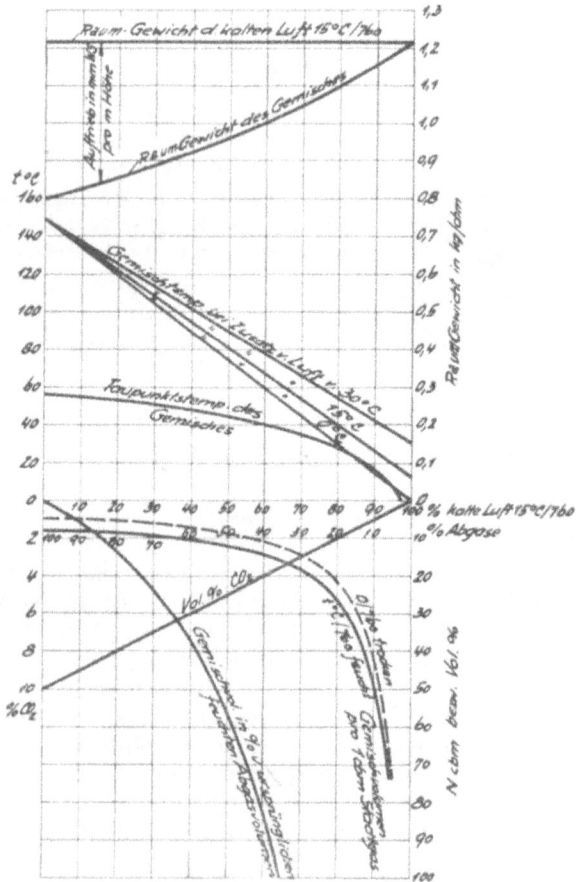

Abb. 60. **Mischung von kalter Luft mit Abgasen von Stadtgas.**
Annahme: Ursprüngliches Abgas: 150°C, 10%CO₂, 4,16 Nm³/Nm³ Gas, 168 g Feuchtigkeit/Nm³ Abgas. Mischluft: 15°C, 760 mm QS.

des Kamins durch geöffnete Ofentüren, durch Zugunterbrecher oder dgl. in die Abgasleitung eindringt, die Zuverhältnisse sicher verschlechtert, da — ganz abgesehen von der Abführung eines größeren Volumens des Gemisches — die Mischtemperatur tiefer als die ursprüngliche Abgastemperatur und der Auftrieb daher kleiner ist.

Um sich eine Vorstellung von den bei der Mischung von Abgasen mit kalter Luft auftretenden Veränderungen machen zu können, ist im Diagramm Abb. 60

der Fall dargestellt, daß Abgase von Stadtgas, die ursprünglich eine Temperatur von 150⁰ C, 10% CO_2 und ein Raumgewicht von 0,8 kg/m³ haben, mit trockener Luft von 15⁰ C gemischt werden. In Abhängigkeit von dem zunehmenden Gehalt des Gemisches an zugesetzter kalter Luft bzw. von dem abnehmenden Gehalt an ursprünglichem Abgas sind der CO_2-Gehalt, das Gemischvolumen pro Nm³ Stadtgas, die Volumenvergrößerung des Gemisches in Prozent vom ursprünglichen Abgasvolumen, ferner die Gemischtemperatur, die Taupunktstemperatur und das Raumgewicht des Gemisches aufgetragen. Die Differenz zwischen Gemisch- und Taupunktstemperatur wird bei zunehmendem Luftzusatz kleiner. Es ist deshalb nicht berechtigt zu sagen, daß durch den Eintritt von Außenluft in die Abgasleitung etwa durch den Zugunterbrecher die Temperatur der Abgase zwar herabgesetzt, die Abgase dafür aber verdünnt werden, so daß die Differenz zwischen Gemisch- und Taupunktstemperatur ziemlich gleich bleibt oder gar besser wird. Im Gegenteil drückt die Kaltluft die Abgastemperatur und bringt sie zugleich dadurch dem Taupunkt näher. Die Gefahr der Kondensation des Wasserdampfes in den Abgasen kann daher bei Kaltluftzusatz trotz der Verdünnung größer sein. Aber nicht nur aus diesem Grunde sondern auch wegen der Verkleinerung des Auftriebes — wie aus dem Diagramm Abb. 60 ersichtlich — sollte der Zutritt von Kaltluft, sei es durch Undichtheiten der Abgasleitung, sei es durch eingeschaltete Zugunterbrecher möglichst vermieden werden. Wenn die Zugunterbrecher in den neutralen Zonen der Abgasleitung bzw. der Gasapparate liegen, können sie ihren Zweck erfüllen. Sonst beeinflussen sie die Abgasabführung ungünstig und haben nur den Vorteil, daß die im Kamin auftretenden Zugschwankungen nicht auf das Gerät übertragen werden.

Zahlentafel 29.

Mittlere spez. Wärme.

Gas	kg	WE/Grad Cels. und	
		m³ 0/760	m³ 15⁰ 1 at
Luft	0,24	0,311	0,286
N_2	0,249	0,311	0,286
O_2	0,218	0,311	0,286
CO	0,25	0,311	0,287
CO_2	0,21	0,413	0,38
H_2O	0,46	0,38	0,35

c) Wärmeverluste durch die Wandungen der Abgasleitungen.

Die Abgase geben beim Durchströmen der Abgasleitung einen Teil ihres Wärmeinhalts an die Kanalwand bzw. durch die Kanalwand an die umgebende Luft ab, wenn diese eine geringere Temperatur als die Abgase hat. Der Wärmeverlust hängt ab von der Größe der Oberfläche der Abgasleitung, von der Gasmenge, welche in der Zeiteinheit hindurchströmt, von der mittleren Temperaturdifferenz zwischen Innen- und Außentemperatur und vom Material, aus dem die Leitung gebaut ist. Die Abkühlung der Abgase kann sehr bedeutend sein und veranlaßt dann die bekannten Mißstände der Kondensatausscheidung und des Austretens von Verbrennungsgasen an undichten Stellen der Abgasleitung. Die Temperatur der Abgase sinkt unter die Taupunktstemperatur und der Auftrieb genügt nicht mehr, um die anfallende Abgasmenge

mit der erforderlichen Geschwindigkeit durch die Widerstände der Abzugsleitung hindurchzubringen.

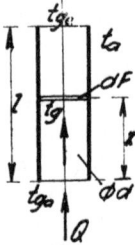

Bezeichnet nach nebenstehender Rohrskizze Abb. 61 $t_a{}^0$ C
die Außentemperatur, t_g die Innentemperatur, Q die Abgasmenge in m³/s, C_p die spez. Wärme der Abgase, F die Größe
der Wandung in m² und k den Wärmedurchgangskoeffizient,
so bestehen folgende Beziehungen zwischen der Verringerung
des Wärmeinhaltes I der Abgase und der gleichgroßen
Wärmeabgabe I durch die Rohrwandung nach außen:

Abb 61.

1. $dI = Q \cdot 3600 \cdot C_p \cdot dt_g$ WE/h,

2. $dI = dF \cdot k\,(t_g - t_a)$ WE/h,

$$Q \cdot 3600 \cdot C_p \cdot dt_g = dF \cdot k\,(t_g - t_a)$$

$$\int_{t_{g_e}}^{t_{g_a}} \frac{dt_g}{(t_g - t_a)} = \int dF \cdot \frac{k}{Q \cdot 3600 \cdot C_p}$$

$$\ln(t_{g_a} - t_a) - \ln(t_{g_e} - t_a) = F \cdot \frac{k}{Q \cdot 3600 \cdot C_p} = \frac{d \cdot \pi \cdot l \cdot k}{Q \cdot 3600 \cdot C_p}\ ^0C.$$

In dieser Gleichung ist meistens F bzw. d und l, Q, c_p, k, ferner die Außentemperatur t_a und die Gastemperatur t_{g_a} am Anfang bekannt und die Abgastemperatur t_{g_e} am Ende der Abgasleitung gesucht. Die Temperatur im Rohr
verläuft nach einer log. Linie; am Anfang des Rohres nimmt sie daher schneller
ab, gegen Ende langsamer. Da der Auftrieb aus der Gleichung

$$A_x = \int_0^x (\gamma_l - \gamma_g)\,dx = \gamma_l \cdot x - \int_0^x \gamma_g \cdot dx$$

errechnet wird (vgl. Abschnitt IV, S. 19) und

$$\gamma_g = \gamma_{g_0} \cdot \frac{p}{760} \cdot \frac{273}{T_g} - 0{,}000607\ \gamma' \cdot \varphi\ \text{kg/m}^3$$

nach Gleichung S. 45 ist, ergibt sich bei einem vertikalen Rohr:

$$A_x = \gamma_l \cdot x - \gamma_{g_0} \frac{p \cdot 273}{760} \int_0^x \frac{d_x}{T_g} + 0{,}000607\ \gamma' \cdot \varphi \cdot x\ \text{kg/m}^2.$$

Da ferner in obiger Gleichung für $dF = d \cdot \pi \cdot dx$ gesetzt werden kann ($d =$
Rohrdurchmesser in m) und daher nach dieser Gleichung

$$d_x = \frac{Q \cdot 3600 \cdot c_p \cdot dt_g}{d \cdot \pi \cdot k\,(t_g - t_a)}\ \text{m}$$

ist, erhält man für

$$A_x = x\,(\gamma_l + 0{,}000607\ \gamma' \cdot \varphi) -$$

$$- \gamma_{g_0} \frac{p \cdot 273}{760} \cdot \frac{Q \cdot 3600 \cdot c_p}{d \cdot \pi \cdot k} \int_{t_{g_x}}^{t_{g_a}} \frac{dt_g}{t_g^2 + (273 - t_a)\,t_g - 273 \cdot t_a}\ \text{kg/m}^2.$$

Die Auswertung des Integrals geschieht nach der Formel 9, Hütte 1, Auf. 23,
S. 72, Abschn. c. Hier ist also ein Beispiel gegeben, bei dem die Differenz

$(\gamma_i - \gamma_a)$ als Funktion von der Höhe des Rohres bekannt ist und der Auftrieb ausgerechnet werden kann. Dieser etwas umständliche Weg zur Ermittlung des Auftriebes läßt sich durch die bereits im Diagramm der Abb. 8 Fall 2 dargestellte zeichnerische Methode ersetzen.

Auf die Temperaturabnahme im Rohr hat die Wärmedurchgangszahl k einen großen Einfluß. k ist die Wärmemenge, welche bei 1⁰ C mittlerer Temperaturdifferenz zwischen der Innen- und Außentemperatur des Rohres pro Stunde und m² Oberfläche durch die Wandung nach außen abgeführt wird. k muß durch Versuche bestimmt werden; einige hier in Frage kommenden k-Werte, die Rietschels Leitfaden entnommen wurden, sind in Zahlentafel 30 zusammengestellt.

Zahlentafel 30.

Wärmedurchgang von Abgasen an Luft	k
durch eine dünne Eisenfläche bei 0,5 m/s Gasgeschw.	1,8
» » » » » 1,0 » » . . .	2,8
» » » » » 2,0 » » . . .	3,9
» » » » » 4,0 » » . . .	4,9
durch eine Holzwand von 2 bis 2,5 cm Stärke	2,0
» » Korksteinwand von 12 cm Stärke	1,5
» » Ziegelmauerwand aus Backsteinen beiderseitig geputzt bei 12 cm Stärke	2,2
» » » 25 cm »	1,5
» » Wand außen Stampfbeton, innen Bimsbeton bei einer Gesamtstärke von 22 cm	1,4

Welche bedeutenden Temperaturabnahmen infolge der Wärmeverluste durch die Wandungen der Rohre entstehen, ist aus Diagramm Abb. 62 zu ersehen, in welchem in Abhängigkeit von Rohrlänge, Rohrdurchmesser und sekundlichem Abgasvolumen bei verschiedenen anfangs vorhandenen Temperaturdifferenzen $(t_{g_a} - t_a)$ die Austrittstemperaturen der Abgase zu ermitteln sind bei Außentemperaturen zwischen $+10$ und -20^0 C. Das Diagramm ist für Blechrohre mit einem $k = 2,8$ WE/m² · h · ⁰C aufgestellt. Beispielsweise beträgt für ein 10 m langes Blechrohr von 110 mm Dmr., in welchem 0,01 m³/s (0/760) Abgase mit einer Anfangstemperatur $t_{g_a} = 90^0$ C strömen, die Austrittstemperatur t_{g_e} 27,5⁰ C, wenn das Rohr von -20^0 C kalter Außenluft umgeben ist. Der Wert t_{g_e} erhöht sich auf etwa 40⁰ C bei 0⁰ C und auf 45⁰ C bei $+10^0$ C Außentemperatur. Der Auftrieb geht mit der Abgastemperatur zurück; es kann sogar der Fall eintreten, daß der Auftrieb in Abtrieb verwandelt wird; es ergeben sich dann Verhältnisse, wie sie in Beispiel *16* S. 26 dargestellt sind.

Die Bedeutung, welche der Abkühlung der Verbrennungsgase in Abzugsrohren zukommt, soll an folgendem Zahlenbeispiel gezeigt werden. Zur Beheizung einer 15 m hohen Kirche seien Gasheizöfen mit einer Wärmeleistung von je 33000 WE/h und einem Gasverbrauch von je 8 Nm³/h aufgestellt. Das Blechabzugsrohr habe einen Durchmesser von 150 mm und eine Höhe von 17 m. Die Abgastemperatur am Apparat betrage 150⁰ C und der CO_2-Gehalt der Abgase 10%. Die Abgasmenge ergibt sich nach Zahlentafel 9 zu

$$6,86 \cdot 8 \cdot \frac{423}{373} = 62,4 \text{ m}^3/\text{h } (150^0/760).$$

Die Abgasgeschwindigkeit am Anfang des Rohres ist dann $w_1 = 0,982$ m/s
(am Ende $w_2 = 0,7$).

Vor dem Anheizen sei in der Kirche eine Temperatur von 0^0 C, die Abzugsrohre seien nicht isoliert. Aus Diagramm Abb. 62 entnimmt man eine Abgastemperatur am Schornsteinende von etwa 25^0 C. Die Taupunktstemperatur

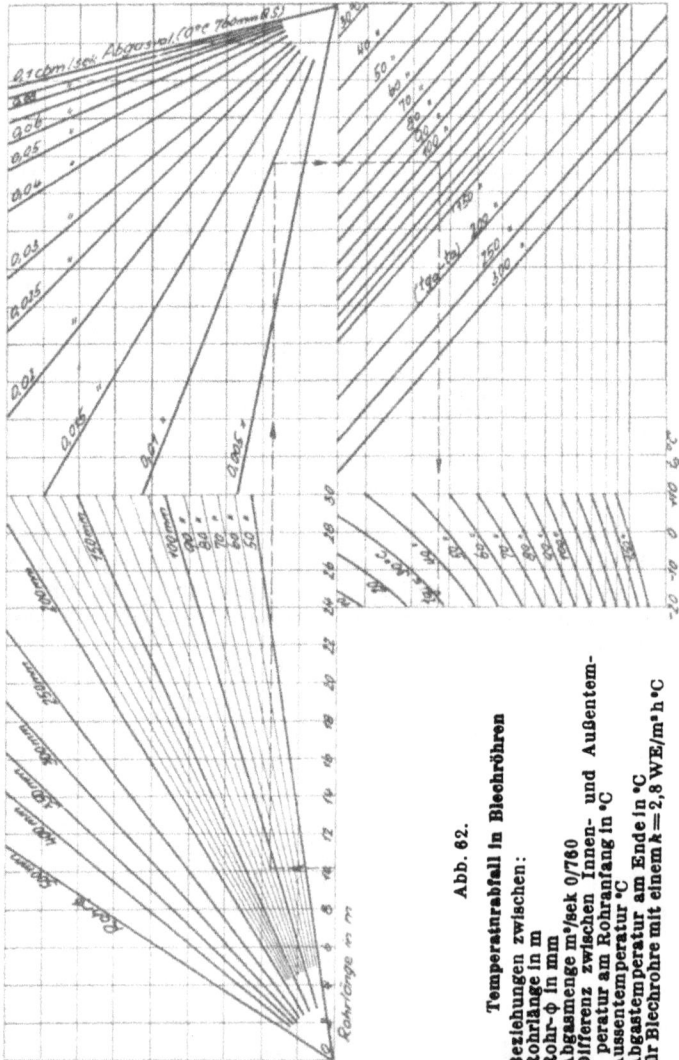

Abb. 62.

Temperaturabfall in Blechröhren

Beziehungen zwischen:
Rohrlänge in m
Rohr-φ in mm
Abgasmenge m³/sek 0/760
Differenz zwischen Innen- und Außentem-
peratur am Rohranfang in °C
Aussentemperatur °C
Abgastemperatur am Ende in °C
für Blechrohre mit einem $k = 2,8$ WE/m²h°C

der Abgase, die bei $57,5^0$ C (vgl. Zahlentafel 9) liegt, wird also erheblich unterschritten; die Folge ist eine Ausscheidung von Kondenswasser, und zwar fällt
pro Nm³ Abgas nach Zahlentafel 6 eine Wassermenge von $\dfrac{131 - 20}{0,773} = 144$ g

aus. Das macht bei einem Ofen etwa 33,3 · 0,144 = 4,8 kg/h Kondenswasser aus. Die Menge ist beachtenswert! Zwar steigt die Raumtemperatur in der Kirche und die Abkühlungsverluste werden daher gegen Ende der Anheizzeit geringer, dafür ist aber die Kondenswasserbildung am Anfang um so größer, weil die ganze Eisenmasse des Abzugsrohres erwärmt werden muß. Das Eisengewicht des Rohres beträgt bei ¾ mm Blechstärke etwa 50 kg bei 8 m² Kühlfläche. Das Blech nimmt an der Eintrittsstelle des Abgases eine Temperatur von $\sim \dfrac{150}{2} = 75^0$ C, am Abgasaustritt eine solche von $\sim \dfrac{25}{2} = 12,5^0$ C an.

Abgesehen von dem logarithmischen Temperaturverlauf der Abgase über die Länge des Rohres, ergibt sich daher eine mittlere Eisentemperatur von $\sim \dfrac{75 + 12,5}{2} = 44^0$ C. Um die Eisenmasse von 0^0 C auf diese Temperatur zu bringen, sind also 50 · 44 · 0,115 = 250 WE erforderlich. Der gesamte Abgasverlust des Ofens beträgt etwa 15,3% der zugeführten Wärme, also gleich 0,153 · 33000 = 5050 WE/h. Im Beharrungszustande, wenn die Eisenmasse schon erwärmt ist, gehen durch die Wandung etwa 4200 WE/h, also gleich 83% des Abgasverlustes verloren. Wenn auch — mit diesen Werten verglichen — die in der Eisenmasse aufgespeicherte Wärme klein ist, so ist sie trotzdem zu beachten zumal bei solchen Kaminen, deren Materialgewichte bedeutend größer sind. Es muß noch darauf hingewiesen werden, daß die bei der Kondensation des Wasserdampfes frei werdende Wärme unberücksichtigt geblieben ist. Infolge der Benetzung der inneren Rohroberfläche mit Wasser nimmt aber der Wärmedurchgang zu, wodurch die Vernachlässigung der Abführung der verhältnismäßig hohen Kondensationswärme teilweise wieder wettgemacht wird. Der Auftrieb beträgt am Anfang der Rohrleitung nach Diagramm Abb. 39 etwa 0,5 mm W.-S/lfd. m, am Rohrende nur etwa 0,12 mm W.-S.; der mittlere Auftrieb ist daher nur $\dfrac{0,5 + 0,12}{2} \cdot 17 = 5,2$ mm W.-S.; ohne Wärmeverluste durch die Wandungen würde er 0,5 · 17 = 8,5 mm W.-S. betragen. Es ist also mit einem Auftriebsverlust von etwa 40% zu rechnen. Selbstverständlich würde bei dieser großen Zugstärke sehr viel kalte Luft durch den Zugunterbrecher in die Abgasleitung eintreten (vgl. Diagramm Abb. 48). Dadurch werden das Abgasvolumen und die Widerstände vergrößert, die Temperatur und somit der Auftrieb verkleinert; es stellt sich ein Gleichgewicht her zwischen Auftrieb und Widerständen, die Strömung wird stationär. Es ist ersichtlich, daß bei diesen Verhältnissen ein Rohr von bedeutend kleinerem Durchmesser die Abgase bereits bewältigen könnte und die Höhe der Abgasleitung bei der Bemessung der Kamine notwendig in Betracht gezogen werden muß.

d) Mischung von heißen und kalten Gasen mit nachträglicher Abkühlung des Gemisches.

Es ist noch der in der Praxis am meisten vorkommende Fall zu untersuchen, bei welchem die vom Gasgerät abgestoßenen warmen Abgase mit Kaltluft im Zugunterbrecher gemischt und außerdem nachträglich in der Abgasleitung abgekühlt werden. Es interessiert hierbei besonders die Ausscheidung von Kondensat. Es sollen wieder die Verhältnisse wie im Diagramm Abb. 60 angenommen werden: das ursprüngliche Stadtgasabgas von 150^0 C, 10% CO_2

und 168 g Feuchtigkeit pro Nm³ Abgas werde zunehmend mit trockener Luft von 15° C (760 mm Q.-S.) durchsetzt, daß zum Schluß das Gemisch aus 100 % Luft besteht. Die Abgasmenge entspricht einem Heizgasverbrauch von 100 Nl/min. Der Einfachheit halber sei angenommen, daß die spez. Wärme der Abgase gleich der der Luft ist. Ferner sei angenommen, daß die Abgase in einem 10 m langen Blechrohr abgeführt werden, das von Luft von 0° C umgeben ist, damit die Ergebnisse recht deutlich werden.

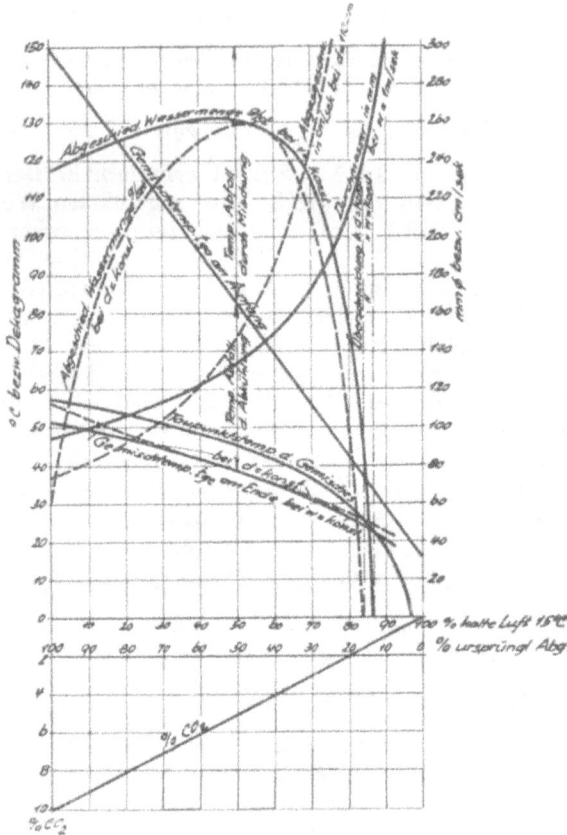

Abb. 63. Temperatur- und Kondensationsverhältnisse bei Mischung von Abgasen mit kalter Luft und nachträglicher Abkühlung des Gemisches, wenn:
1. w = konst (d variabel) 2. d = konst (w variabel).

Die Untersuchung soll so durchgeführt werden, daß einmal die Geschwindigkeit des auf Normalbedingungen reduzierten Abgases konstant 1 m/s ist, wodurch sich verschiedene Rohrdurchmesser ergeben, das andere Mal so, daß der Durchmesser des Abzugsrohres konstant ist, wodurch sich eine veränderliche Abgasgeschwindigkeit ergibt. Die Abgastemperatur t_{g_e} am Ende der Leitung errechnet sich nach der auf S. 102 angegebenen Gleichung zu:

$$\ln t_{g_e} = \ln t_{g_a} \frac{d \cdot \pi \cdot l \cdot k}{Q \cdot 3600 \cdot C_p} \,^{o}C,$$

worin t_{g_a} die Mischtemperatur am Anfang, $l = 10$ m, $C_p = $ ca. 0,31, Q die jeweiligen reduzierten Abgasmengen in Nm³/s, d in m und k die Wärmedurchgangszahl nach Zahlentafel 30 ist. (Die vereinfachenden Annahmen beeinträchtigen das Endergebnis nicht sehr.)

Im Diagramm Abb. 63 ist (wie im Diagramm Abb. 60) in Abhängigkeit von der Gemischzusammensetzung die Gemischtemperatur t_{g_a} am Anfang der Abgasleitung und die jeweilige Taupunktstemperatur des Gemisches aufgetragen. Außerdem enthält das Diagramm die Gemischtemperaturen t_{g_e} am Ende des 10 m langen Rohres, und zwar für die beiden Fälle, daß erstens w konstant 1 m/s und zweitens d konstant 110 mm ist. Die im ersten Fall veränderlichen Rohrdurchmesser bzw. die im zweiten Fall veränderlichen Geschwindigkeiten sind ebenfalls angegeben. Die Gemischtemperaturen t_{g_e} liegen tiefer als die Taupunktstemperaturen, weshalb sich Feuchtigkeit ausscheiden muß. Auf die Abführung der Kondensationswärme ist wegen der rechnerisch schwer zu erfassenden Steigerung des Wärmedurchgangs bei Benetzung der Kühlfläche zunächst keine Rücksicht genommen. Quantitativ werden sich dadurch die Verhältnisse im Diagramm Abb. 61 ändern, aber qualitativ wird das Ergebnis bestehen bleiben. Da die Gemischtemperaturen t_{g_e} bei $d = $ konst. etwas höher liegen als bei $w = $ konst., scheidet sich im ersten Fall weniger Wasser aus. Dieses kommt in dem Kurvenverlauf der auf die Stunde bezogenen und für einen Gasverbrauch von 100 Nl/min berechneten ausgeschiedenen Wassermengen zum Ausdruck. Bei $d = $ konst. wird zunächst weniger Wasser ausgeschieden, die Menge steigt bis zu einem Mischungsverhältnis von etwa 60% Luft und 40% ursprüngliches Abgas rasch an, hat hier das Maximum und erreicht bei etwa 84% Luft, 16% ursprüngliches Abgas im steilen Abfall den Wert Null. Bei $w = $ konst. ist die abgeschiedene Kondensatmenge von vornherein größer, steigt aber noch etwas, erreicht bei etwa 50% Luft, 50% ursprüngliches Abgas das Maximum und fällt dann ebenfalls steil ab, um bei einer Konzentration 87% Luft, 13% ursprüngliches Abgas den Wert Null zu erreichen. Die Verhältnisse in der Praxis werden etwa zwischen den beiden Fällen liegen; jedenfalls geht aus dem Diagramm hervor, daß bei Zumischung von Kaltluft zu den Abgasen und nachträglicher Abkühlung die ausgeschiedene Kondensatmenge zunächst mit der Vergrößerung der Zusatzluftmenge zunimmt, bei einem Mischungsverhältnis von etwa 50% Luft und 50% ursprüngliches Abgas das Maximum der Ausscheidung erreicht wird und bei größerem Luftzusatz die Kondensatmenge rasch abnimmt. Um also die Kondensatbildung durch Zumischung von Kaltluft hintanzuhalten, muß eine sehr große Luftmenge zugesetzt werden, die sich aber die Abgasleitung in den seltensten Fällen in solchem Maße ansaugen kann, da nach früherem die Auftriebsenergie zugleich mit der Zumischung von Kaltluft abnimmt. Mit der Verdünnung der Abgase durch Kaltluft muß man also sehr vorsichtig sein, da unter Umständen hierdurch mehr verdorben als gut gemacht werden kann (vgl. die Ausführung auf S. 16 des Heftes »Gasfeuerstätten«, 5. Aufl. 1926).

Es wurde versucht, die aus vorstehenden theoretischen Überlegungen sich ergebende ungünstige Beeinflussung der Kondensatausscheidung infolge Zusatz von Kaltluft zu den Abgasen experimentell in ihrer Größe festzustellen. Die Versuchsanordnung entsprach der Abb. 64. Abgase — möglichst von gleicher Zusammensetzung und Temperatur — wurden am Anfang eines Abzugsrohres aus Eisenblech mit verschieden großen Kaltluftmengen gemischt.

Das Gemisch strömte durch das 4,6 m lange in Außenluft von etwa — 2⁰ C liegende Abzugsrohr und schied infolge der Abkühlung einen Teil der Feuchtigkeit ab, die unten in einem Gefäß aufgefangen wurde. Die Zahlentafel 31 enthält die gefundenen Ergebnisse.

Die Versuche konnten an der etwas behelfsmäßigen Einrichtung nicht mit der nötigen Schärfe ausgeführt werden. Infolge Eintritts milderer Witterung ließen sich später genauere Versuche an einer besseren Versuchseinrichtung leider nicht mehr wiederholen, so daß der experimentelle Beweis noch nicht ganz erbracht ist. Die Beurteilung des Einflusses von Kaltluftzusatz zu den Abgasen muß sich auf ein größeres Versuchsmaterial stützen, wobei neben einer Veränderung der Temperatur und des CO_2-Gehaltes des ursprünglichen Abgases besonders auch die Temperatur und der Feuchtigkeitsgehalt der Zusatzluft variiert werden sollten. Immerhin lassen die Versuche bereits die enorme Steigerung des Wärmedurchgangs bei Eintritt der Kondensation erkennen und es wäre lehrreich die Abhängigkeit des Wärmedurchgangs von der Rohrlänge zu ermitteln. Es wäre wohl denkbar, daß bei geradliniger Ausführung des Abzugsrohres infolge zu geringer Durchwirbelung der Abgase diese nur in der äußeren die Wandung berührenden Schicht stark abgekühlt werden, und daß im Innern der Gassäule noch ein warmer Kern bleibt. Auch wäre annehmbar, daß das Abgasgemisch bei höherer Geschwindigkeit mehr Wassertropfen aus dem Rohr mitreißt.

Die in den Beispielen dieses Abschnittes gewählten extremen Verhältnisse kommen natürlich in der Praxis selten vor, und jeder, der mit Abgasleitungen zu tun hat, weiß aus Erfahrung, daß lange Abgasleitungen zu isolieren sind. Aber die reine Empirie versagt hierbei sehr oft; viele Einflüsse werden in ihrer Bedeutung für den Vorgang in der Abgasleitung nur unsicher, oft rein gefühlsmäßig und quantitativ meist unrichtig beurteilt. Von der Untersuchung der übrigen außerordentlich mannigfaltig ausgeführten Kamine aus Backsteinen, Holzzement, Holz, Dachpappe usw. (vgl. »Gasfeuerstätten«) soll abgesehen werden, da sie im Prinzip kaum von der der Blechrohre abweicht und bei anderen Koeffizienten nur etwas andere Werte ergibt. Vielmehr sollen im folgenden an Hand der aufgeführten Gleichungen alle diejenigen Momente zusammengefaßt werden, die zur Errichtung einer möglichst guten Abgasleitung notwendig sind, wobei zunächst dahingestellt sei, was in der Praxis davon ausführbar ist.

Um die Verwendung des Heizgases wirtschaftlicher zu machen, wird in den Geräten die Ausnutzung der bei der Verbrennung entstehenden Wärmemenge soweit getrieben, daß für den Abgasverlust nicht mehr viel übrig bleibt. Die Abwärme ist aber die einzige Energiequelle für die Fortschaffung der Abgase vom Austritt aus dem Gerät bis ins Freie. Je höher der Wirkungsgrad, desto wertvoller die Abwärme! Es handelt sich dabei jedoch nicht um die Menge der

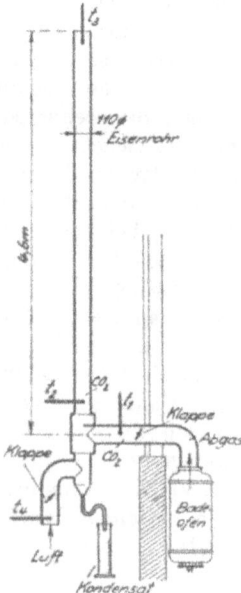

Abb. 64. Versuchseinrichtung.

Zahlentafel 31.

Versuche zur Bestimmung der Kondensatmenge im Eisenblechabzugrohr bei verschiedenem Luftzusatz zu den Abgasen.

			Meßwerte								errechnete Werte								
Versuch Nr.	mit oder ohne Zusatzluft	Gasverbrauch Nm³/h	CO% der Abgase vor der Misch.	CO% nach der Misch.	Temperaturen in °C der Abgase vor der Misch. t_1	nach der Misch. t_2	am Kaminende t_3	der Luft t_4	Kondensatmenge in g/h	in % der Gesamtmenge	Abgasmenge m³/h feucht ‰ vor Misch.	nach Misch.	trocken ‰ vor Misch.	nach Misch.	zugesetzte Luft in m³/h ‰	in % d. urspr. Abgasmenge	Abgasgeschw. (feucht) m/s	Wärmedurchgangszahl K	im Abg. urspr. vorh. Wassermenge kg/h
1	ohne	4,984	4,9	—	116,5	(103)	71,15	0	0	0	64,0	—	42,4	—	0	0	1,87	4,54 (3,43)	3,48
2	„	4,94	7,5	—	109	(88,3)	55,0	0	408	11,8	43,0	—	27,4	—	0	0	1,26	6,2 (5,5)	3,46
3	„	4,96	7,6	—	106	(89,2)	49,0	—2	644	18,55	43,2	—	27,1	—	0	0	1,26	7,7 (7,3)	3,47
4	mit	4,96	8,2	5,5	104	70	42,5	—2	662	19,0	40,2	57,7	25,2	37,6	12,4	49,3	1,55	8,3	3,47
5	„	4,97	8,7	4,5	108	59,2	39,0	—2,5	580	16,7	38,4	62,2	23,8	46,2	22,3	93,6	1,82	8,46	3,48
6	„	4,97	8,5	3,9	111	53,7	37,0	—3,0	488	14,0	39,2	79,0	24,4	53,5	29,1	119	2,00	7,62	3,48

Gasbeschaffenheit: 3,2 Nm³ trockene Abgase/Nm³ Gas
700 g Wasser/Nm³ Gas
13% CO_2 max.

Abwärme, sondern vielmehr um die Temperaturhöhe derselben; denn von dieser allein hängt die Größe des erzeugten Auftriebes ab. Die Erhaltung der Abgastemperatur im Kamin möglichst auf dem gleichen Niveau wie beim Austritt aus dem Gerät ist daher einer der ersten und wichtigsten Grundsätze für den Erbauer von Abgasleitungen. Daraus ergeben sich folgende Richtlinien für die Herstellung von Abgasleitungen:

1. Kaltluftzumischung zu den Abgasen möglichst verhindern.
2. Geringe Wärmekapazität der Abgasleitung, daher kleines Gewicht und kleine spez. Wärme des zu verwendenden Materials wählen.
3. Geringe Wärmeverluste, daher Material mit kleiner Wärmedurchgangszahl k verwenden.
4. Kleinste Abkühlungsfläche bei größtem Querschnitt, daher Zylinderform wählen.

Aus Gründen der Verringerung der Widerstände:

5. Geradlinige Wege, daher Verhältnis Länge zur Höhe der Abgasleitung möglichst 1 machen.
6. Rohre mit glatter Innenwand verwenden.
7. Kleinste Reibungsfläche bei größtem Querschnitt, daher Zylinderform wählen.

Aus sonstigen Gründen:

8. Material soll wasserundurchlässig und nicht hygroskopisch sein, da das Gewicht der Abgasleitung größer, die Wärmedurchgangszahl k gewöhnlich größer und die Haltbarkeit geringer wird.
9. Material soll hitzebeständig, möglichst feuersicher sein.
10. Material soll den durch die Abgaszusammensetzung bedingten chemischen Angriffen der Abgase und den Angriffen der Atmosphäre widerstehen.
11. Die Verbindungsstellen der Rohrlängen sollen gas- und wasserdicht sein.
12. Die Abgasleitung soll gegen mechanische Einflüsse widerstandsfähig sein.
13. Das Material soll leicht zu bearbeiten sein, um die Montagearbeit in einfachster Weise und in kürzester Zeit billig ausführen zu können.
14. Das Material soll billig sein, damit die Abgasleitung — selbst bei erheblicher Länge — nur einen geringen Betrag von den Gesamtkosten einer Gasfeuerstättenanlage ausmacht.

Das Gewicht G und die spez. Wärme c des Materials sind für Abgasleitungen, welche ununterbrochen benutzt werden, ziemlich nebensächlich, da nach der einmaligen Aufladung des Materials mit Wärme keine Verluste in dieser Hinsicht mehr auftreten. Aber für solche Gasfeuerstätten, die nur von Zeit zu Zeit wenige Minuten in Betrieb sind — und das sind die meisten — und deren Abgasleitungen daher in den langen Betriebspausen bis auf die Außentemperatur auskühlen, spielt die Wärmekapazität des Materials eine bedeutende Rolle, da bei jedesmaliger Inbetriebnahme die zur Aufheizung des Materials verbrauchte Wärmemenge für die Fortschaffung der Abgase verloren ist. Dasjenige Material verdient daher den Vorzug, dessen Produkt Raumgewicht mal spez. Wärme ein Minimum ist. Einige aus verschiedenen Quellen zu-

Zahlentafel 32.

Material	Raumgew. kg/m³	spez. Wärme WE/kg · °C	Wärmeltg. WE/m, h, °C	G · c
Eisen	8000	0,115	56	920
Kupfer	9000	0,094	320	845
Aluminium . .	2750	0,21	175	580
Asche	750	0,2	0,13	150
Beton	2000	0,27	0,65	540
Holz	500	0,60	0,13	300
Ziegelsteine . .	1620	0,22	0,41	355
Glaswolle . . .	220	0,2	0,02	44
Korkschrott . .	85	0,4	0,038	34
Asbest	576	0,2	0,167	115
Wellpappe . . .	---	0,32	---	--
Kieselgur . . .	350	0,21—0,24	0,066	77
ruhende Luft . .	1,25	0,24	0,0203	0,3

sammengestellte und hier etwa in Frage kommenden Werte enthält Zahlen tafel 32. Von den Metallen eignet sich am besten Aluminium — auch aus dem Grunde, weil es wenig korro- diert —, von den übrigen Bau- stoffen ist als Isolationsmaterial besonders Glaswolle, Asbest, Well- pappe, Kieselgur und ruhende Luft brauchbar. Es liegt daher nahe, die Abgasleitung aus Aluminiumblech- rohren mit Isolation herzustellen. Die Abb. 65 enthält einen Vor- schlag, der in den meisten Punkten den obigen 14 Forderungen ent- spricht. Die Ausführung wäre etwa folgende: 2 Aluminium-Blechzylin- der mit verschiedenen Durchmes- sern werden ineinander gesteckt. Der entstehende Ringraum wird mit einem der oben angegebenen Isolationsmaterialien ausgefüllt. Die Isoliermasse befindet sich nicht gepreßt sondern lose in dem Ringraum, damit möglichst viele mit Luft gefüllte Zwischenräume entstehen und der große Isolier- effekt der ruhenden Luft zur Gel- tung kommt. Je nach der geforder- ten Güte der Isolation wird der Ringraum groß oder klein gehalten. Der Innenblechzylinder hat eine

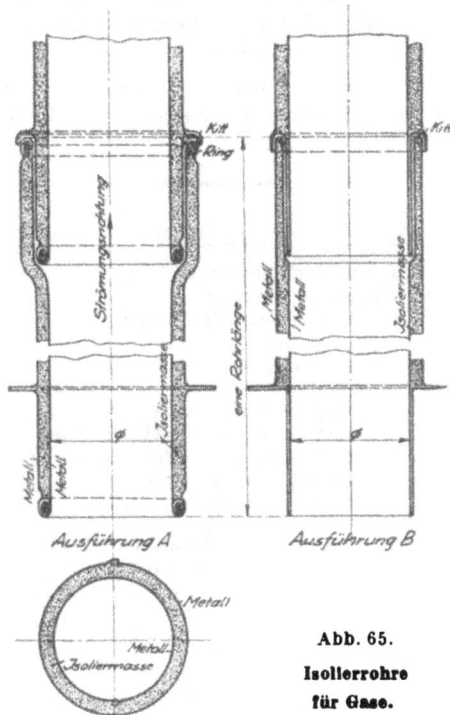

Abb. 65.
Isolierrohre
für Gase.

geringe Wandstärke, damit die Wärmekapazität klein bleibt, der äußere Zylinder bekommt eine Wandstärke, die dem Rohr die erforderliche mechani- sche Festigkeit gibt. Die Bleche werden luftdicht zusammengefalzt, so daß die Isoliermasse nicht feucht werden kann. Die einzelnen Fabrikationslängen werden durch besonders ausgebildete Muffenverbindungen zusammengehalten. Die Außenhaut bekommt einen Wulst, der unter Benutzung eines geeigneten Kittes die Muffenverbindung luftdicht macht. Zu diesen Isolierrohren gehören entsprechend ausgebildete Knie-, Bogen- und T-Stücke. Wenn die Rohre im Freien benutzt werden, können sie in besonderen Fällen in ein Ton- oder Steinrohr oder auch in einen Kamin eingezogen werden, jedoch in der Weise, daß zwischen Innenwand des Mantelrohres und der Außenwand des Isolierrohres ein Luftspalt bleibt.

Nach angestellten Versuchen scheint sich diese Rohrausführung zu bewähren, wie nachstehende Ausführungen zeigen.

e) Versuche über die Wärmedurchlässigkeit und Wärmekapazität von Abgasrohren.

A. Wärmedurchlässigkeit.

1. Zweck des Versuches. Da die Größe der Auftriebsenergie und die Ausscheidung von Feuchtigkeit aus Abgasen von der Wärmedurchlässigkeit der Rohre abhängig ist, wurden die Wärmedurchgangszahlen des in Abb. 65 dargestellten Isolierrohres mit denen von nichtisolierten Eisenblechrohren und Papprohren verglichen.

2. Versuchsanordnung. Die bei den Versuchen benutzten Rohre hatten folgende Abmessungen und Gewichte:

Zahlentafel 33.

	Isolier-rohr	Papp-rohr	Eisen-blechrohr
Innendurchmesser . . . . mm	110	110	110
Außendurchmesser . . . . mm	140	118	111
Gesamte Länge der Abgasleitung (fertig montiert) . . . . m	4,80	5,00	4,63
Abgasleitung besteht aus je 5 Rohrlängen von je . . . . m	0,96	1,0	1,0
Gewicht der gesamten Abgasleitung . kg	15,35	4,2	10,0
Gewicht in kg/lfd. m Abgasleitung .	3,2	0,84	2,16
Gewicht einer Rohrlänge . . . . . kg	3,2	0,84	2,0
Wandstärke des Rohres . . . . . mm	s. Bem.	4	0,6
Gesamte innere Rohroberfläche. . . m²	1,66	1,73	1,60

Bemerkung: Das Isolierrohr war nach Abb. 65 Ausführung B hergestellt. Der Innenzylinder war aus Aluminiumblech von 0,3 mm Stärke, der Außenzylinder aus Weißblech von 0,56 mm Stärke gefertigt. Der Ringraum war mit Glaswolle lose ausgefüllt. — Beim Papprohr waren die einzelnen Längen durch übergeschobene Pappmuffen verbunden. Beim Eisenblechrohr waren die Schüsse in üblicher Weise ineinander gesteckt.

Die verschiedenen Abgasleitungen wurden in senkrechter Lage an einen Warmwasserbereiter ohne Zwischenschaltung eines Zugunterbrechers angeschlossen. In einem kurzen Verbindungsstück zwischen Apparat und Abgasleitung war eine Drosselklappe eingebaut. Die Gas- und Wasserzufuhr zum Apparat war während des Einzelversuchs gleichmäßig, so daß sich auch eine gleichmäßige Abgasmenge von konstanter Temperatur und Zusammensetzung nach dem Apparat ergab. Um die Wärmedurchgangszahl auch bei verschiedenen Abgasgeschwindigkeiten zu erhalten, wurden mehrere Versuche mit verschiedener Gaszufuhr und verschiedenem CO_2-Gehalt gemacht.

Gemessen wurde die Temperatur der Abgase bei Eintritt ins Rohr, die Austrittstemperatur und einige Zwischenpunkte, ferner der CO_2-Gehalt der Abgase und die zugeführte Gasmenge. Die Abgasleitungen lagen in einer Luft, die nur mäßig bewegt war (etwa 0,5 bis 1 m/s). Die Temperaturen der Abgase wurden erst dann als richtig angesehen, wenn innerhalb 10 Minuten keine Temperatursteigerung mehr eintrat, also Beharrungszustand vorlag.

3. **Meßergebnisse und Versuchsauswertung.** Die folgende Zahlentafel 34 enthält die abgelesenen Werte und die daraus errechneten Werte der Abgasmengen, Abgasgeschwindigkeiten, Wärmeverlust und Wärmedurchgangszahlen.

Zahlentafel 34.

	Vers.	Gasverbrauch	CO_2	Abgasmenge $^{100}/_{718}$	Abgasgeschw.	Temperaturen			Wärmeverlust	Mittlere Temp.-Diff.	k WE/m², h, °C bez. auf innere Rohroberfläche
						Außenluft	Abgase bei Eintritt	bei Austritt			
	Nr.	Nl/min	%	m³/min	m/s	°C	°C	°C	WE/h	°C	
Isolierrohr	1	72,8	4,8	1,011	1,78	+ 20,0	101,0	83,0	247	72	2,06
	2	121	6,0	1,366	2,4	+ 16,5	153,0	129,5	436	125	2,10
Papprohr	3	72,8	4,8	1,011	1,78	+ 23	105,0	76,6	390	67,8	3,32
	4	68,0	3,85	1,095	2,10	+ 11	109,8	77,2	512	82,5	3,58
	5	120,0	6,35	1,290	2,27	+ 10	153,8	109,5	774	121,7	3,69
Eisenblechrohr	6	71,5	4,8	0,988	1,73	+ 20,0	104,0	72,4	423	68,2	3,88
	7	122	6,6	1,272	2,24	+ 18,5	142	100	726	105,7	4,30
	8	121	6,0	1,366	2,4	+ 8,5	157	109,5	881	124,7	4,63
	9	122,4	5,35	1,540	2,7	+ 8,7	150,5	108,5	878	120,8	4,55

Aus der letzten Spalte der Zahlentafel ist ersichtlich, daß unter sonst gleichen Verhältnissen die Wärmeverluste des Isolierrohres zu denen des Papp- und Eisenblechrohres sich verhalten wie etwa 2,05:3,5:4,1, d. h. die Wärmeverluste sind beim Papprohr um etwa 70%, beim nackten Eisenblechrohr um

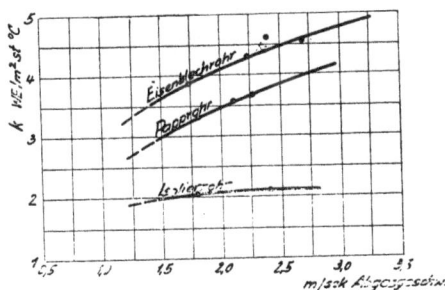

Abb. 66. **Wärmedurchgangszahl**, abhängig von der Gasgeschwindigkeit.

100% größer als beim Isolierrohr. Die k-Werte für die verschiedenen Rohre sind in Abhängigkeit von der Abgasgeschwindigkeit (bezogen auf ein feuchtes Abgasvolumen bei 100° C und 718 mm Q.-S. Barometerstand in vorstehendes Diagramm Abb. 66 eingetragen.

B. Wärmeaufnahme durch das Rohrmaterial.

1. **Zweck des Versuches.** Bei der Inbetriebnahme eines Gasgerätes müssen die von diesem abgestoßenen warmen Abgase zunächst das kalte Abgasrohr erwärmen, wodurch den Abgasen oft so viel Wärme entzogen wird, daß der Taupunkt unterschritten und daher Feuchtigkeit aus den Abgasen ausgeschieden wird. Je geringer die Wärmeaufnahmefähigkeit des Rohres ist,

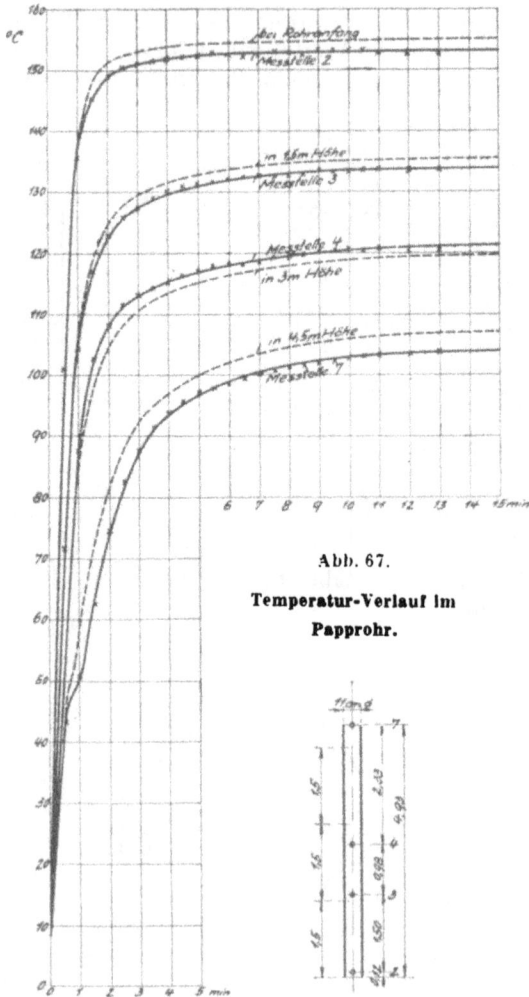

Abb. 67.

Temperatur-Verlauf im Papprohr.

in desto kürzerer Zeit nach der Inbetriebnahme wird der anfängliche Temperatursturz überwunden und desto geringer sind die anfänglich ausgeschiedenen Kondensatmengen. Zugleich mit der Aufladung des Rohres mit Wärme beginnt aber auch die Wärmeabgabe durch die Rohrwand an die Außenluft. Beide Vorgänge spielen sich zu gleicher Zeit ab. Das Rohr ist das vorteilhaftere, welches in der geringsten Zeit nach der Inbetriebnahme die Abgase mit der höheren Temperatur ins Freie befördert. Es wurden zur Klarstellung dieser »Anheiz«-Vorgänge vergleichende Versuche mit einem Rohr aus Eisenblech und Pappe und einem Isolierrohr gemacht.

2. Versuchsanordnung. Die verwendeten Rohre sind die gleichen wie bei den vorstehenden Versuchen über die Wärmedurchlässigkeit. Die Versuche

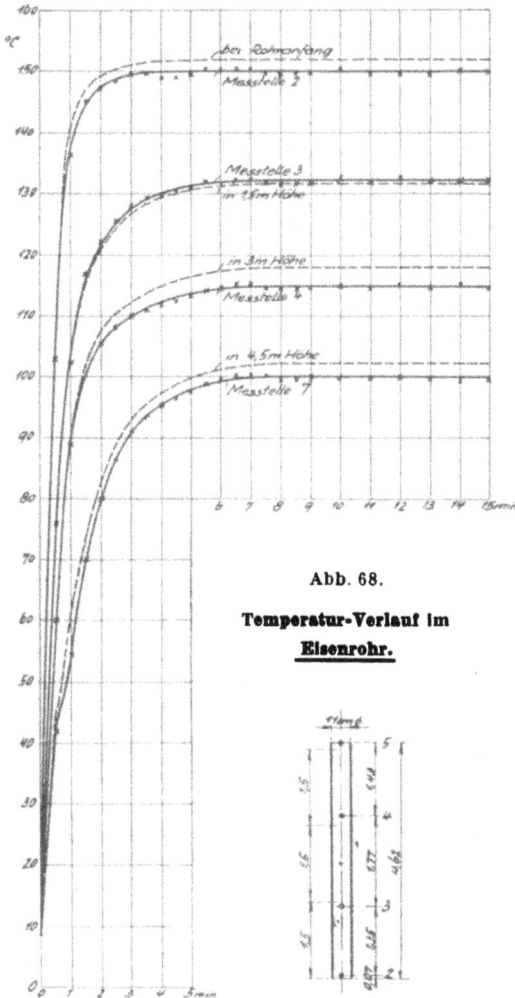

Abb. 68.

Temperatur-Verlauf im Eisenrohr.

wurden in folgender Weise ausgeführt: Ein Warmwasserbereiter, der hier nur die Rolle eines Abgaserzeugers spielt, war an eine leicht abnehmbare Hilfs-abgasleitung angeschlossen. Die vom Gerät erzeugten Abgase waren nach einer gewissen Betriebszeit wegen gleicher Gas- und Wasserzufuhr dauernd von gleicher Zusammensetzung und Temperatur. Wenn der Beharrungszustand ein-

8*

getreten war, wurde plötzlich die Hilfsabgasleitung entfernt und an ihre Stelle die kalte Versuchsabgasleitung von etwa gleicher Länge gesetzt. Das Auswechseln der Leitung war das Werk eines Augenblicks. Bei der Versuchsabgasleitung waren an verschiedenen Stellen Thermometer eingebaut, die alle zu gleicher Zeit, und zwar halbminutlich abgelesen wurden. Auf diese Weise ließ sich der Einfluß des kalten Rohres auf die Temperatur der Abgase und die

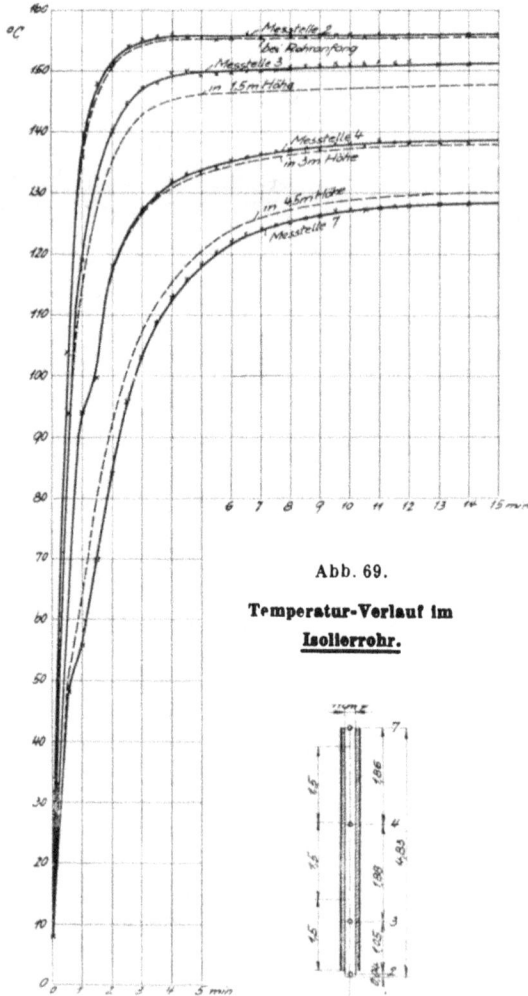

Abb. 69.

Temperatur-Verlauf im Isolierrohr.

Erholung der Temperatur im Verlaufe der Zeit gut verfolgen. Indem nun dieser Versuch mit einem Papp-, Eisenblech- und Isolierrohr unter ganz gleichen Verhältnissen angestellt wurde, konnte aus dem schnelleren oder langsameren Anstieg der Temperaturen an den gleich hochgelegenen Meßstellen in den Rohren ein Urteil über die Wärmeaufnahme der verschiedenen Rohre gewonnen werden. Die benutzten Thermometer waren sämtlich einander vollständig gleich und waren so ausgewählt, daß sie ein Minimum an Trägheit im Anzeigen hatten. Aber wenn auch infolge der unvermeidlichen Trägheit der Thermometer die während des Zeitpunktes der Ablesung herrschende wahre Temperatur der Abgase besonders in den ersten Augenblicken nach dem Rohrwechsel nicht festgestellt werden kann, so läßt sich doch wegen der sonstigen Gleichmäßigkeit der Versuchsbedingungen aus den gemachten Ablesungen ein Vergleich der Rohre hinsichtlich ihrer Wärmeaufnahme beim »Aufheizen« ziehen.

3. **Meßergebnisse und Auswertung.** Die zu den einzelnen Zeitpunkten abgelesenen Temperaturen bei den drei Versuchsrohren sind in den drei Diagrammen Abb. 67, 68, 69 je in Abhängigkeit von der Zeit aufgetragen. Die Lage der Meßstellen in den Rohren geht aus den Anordnungsskizzen auf diesen Diagrammen hervor. Da die Meßstellen an den drei Versuchsrohren nicht in genau gleichen Abständen vom Rohranfang lagen, wurden durch Interpolation in je einem Hilfsdiagramm (Länge des Rohres als Abszisse, Temperaturen als Ordinate), in welchem sich der Temperaturverlauf über die Länge des Rohres zur Zeit 0, ½, 1, 1½ ... usw. min als Kurve ergibt, die jeweils an den Meßstellen 0, 1½, 3 und 4½ m (vom Rohranfang entfernt) zu den Zeiten 0, ½, 1, 1½ ... usw. min herrschenden Temperaturen ermittelt und in die drei Diagramme Abb. 67, 68, 69 zurückübertragen, wodurch sich die punktierten Kurven ergeben. Hierdurch sind die gemessenen Werte auf dieselbe Vergleichsbasis umgewertet. Der Vergleich selbst ist auf dem vierten Diagramm Abb. 70 durchgeführt, in welchem der Temperaturanstieg am Rohranfang, ferner in 1½ und 3 und 4½ m Entfernung für die drei Rohre veranschaulicht ist.

Aus diesem Diagramm Abb. 70 ist wohl die Überlegenheit des Isolierrohres klar ersichtlich, bei welchem die Abgase in kürzerer Zeit »auf Temperatur kommen« als beim Papp- und Eisenblechrohr. Merkwürdigerweise hat in dieser Hinsicht das Papprohr trotz seines erheblich geringeren Gewichtes (0,84 kg/lfd. m gegenüber 2,16 kg/m beim Eisenblechrohr) keinen nennenswerten Vorteil gegenüber dem Eisenblechrohr. Es läßt sich hieraus wohl vermuten, daß allgemein der Einfluß der Wärmeabgabe durch die Rohrwand bei dünnwandigen Rohren auf die Temperatursenkung schon beim Anheizen eine größere Rolle spielt als die Wärmekapazität des Rohres. Anders natürlich bei sehr schweren (z. B. gemauerten) Kaminen, bei denen der Einfluß der Aufladung des Materials mit Wärme überwiegt.

Wärmetechnisch schneidet daher das im Gewicht zwar schwerere, aber wegen seiner geringen Wärmekapazität der Innenwand und wegen seines geringen Wärmedurchgangs geeignetere Isolierrohr viel besser ab, als selbst das leichtere Papprohr.

Zahlenbeispiel für die Abkühlung von Abgasen in Rohrleitungen.

Es werde angenommen, daß die Abgase eines gasbeheizten Warmwasserbereiters in eine Abgasleitung von 8 m Länge und 110 mm l. Durchmesser (= 2,76 m² innere Rohroberfläche) ins Freie geführt werden. Der Gasverbrauch des Warmwasserbereiters betrage 110 Nl/min; in der Abgashaube des Gerätes sei der CO_2-Gehalt der Abgase 10% und die Abgastemperatur 162° C. In der Abgasleitung, also nach dem Zugunterbrecher, sei der CO_2-Gehalt 6%. Die

Temperatur der die Abgasleitung umgebenden Luft betrage $+ 5^0$ C. Die Luft, welche in den Unterbrecher eintreten kann, habe 15^0 C und 70% relative Feuchtigkeit.

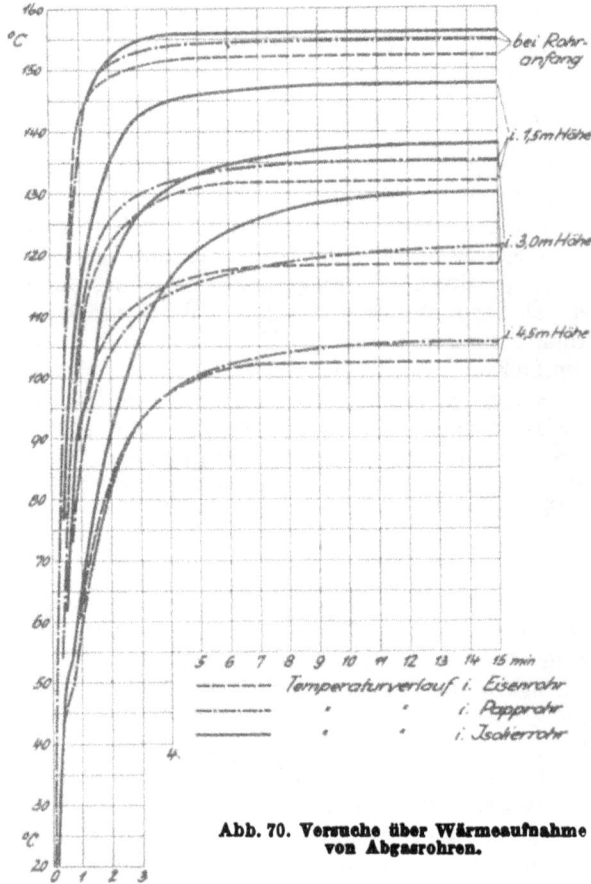

Abb. 70. Versuche über Wärmeaufnahme von Abgasrohren.

Wie ist der Temperaturverlauf der Abgase in der Abgasleitung, wenn diese

1. aus Eisenblechrohr,
2. aus Papprohr,
3. aus Isolierrohr

besteht?

Die Ausführung der Rohre entspreche der Zahlentafel 33.

Die Abgasmenge in der Abgashaube beträgt nach Zahlentafel 9 bei 10% CO_2 4,16 m³ (0/760) trockene Abgase pro 1 Nm³ Gas; auf 4,16 Nm³ trockene Abgase kommen 700 g Verbrennungswasser. Bei 6% CO_2 in der Abgasleitung ist die Abgasmenge pro Nm³ Gas gleich 6,93 m³ 0/760 tr. Die durch den Zugunterbrecher in die Abgasleitung eintretende Luft beträgt daher 6,93 — 4,16 =

2,77 Nm³ Luft pro 1 Nm³ Gasverbrauch. Diese Mischluftmenge hat nach Zahlentafel 6 an Feuchtigkeit mitgebracht:

$$2,77 \cdot 1,293 \cdot 10,6 \cdot 0,7 = 26,6 \text{ g Wasser,}$$

so daß auf 6,93 m³ 0/760 tr. Abgase in der Abgasleitung $700 + 26,6 = 726,6$ g Wasser kommen, was einem Feuchtigkeitsgehalt von rd. 105 g/Nm³ Abgas oder einer Taupunktstemperatur von 49° C entspricht.

Der Wärmeinhalt der Abgasmenge von einem Nm³ Gas bei 10% CO_2 und 162° C beträgt (vgl. Zahlentafel 29):

$$
\begin{aligned}
3,744 \cdot 0,311 \cdot 162 &= 189 \\
0,416 \cdot 0,413 \cdot 162 &= 27,8 \\
0,7 \cdot 670 \quad\quad &= 469 \\
\hline
&685,8 \text{ WE.}
\end{aligned}
$$

Der Wärmeinhalt der Mischluft beträgt:

$$
\begin{aligned}
2,77 \cdot 0,311 \cdot 15 &= 12,93 \\
0,0266 \cdot 601,5 \quad &= 16,00 \\
\hline
&28,93 \text{ WE.}
\end{aligned}
$$

Der Gesamtwärmeinhalt der Abgase pro Nm³ Gas unmittelbar nach der Mischung mit Luft beträgt daher 714,7 WE, die auf 6,930 Nm³ tr. Abgase (= 6,514 Nm³ zweiatomige Gase und 0,416 Nm³ CO_2) und 726,6 g Wasserdampf entfallen. Hieraus berechnet sich eine Mischtemperatur von

$$6,514 \cdot 0,311 \cdot t_x + 0,416 \cdot 0,413 \cdot t_x + 0,7266 \left\{ 618 + (t_x - 50) \cdot 0,48 \right\} = 714,7$$
$$t_x = 97°\text{C.}$$

Mit dieser Temperatur tritt das Abgas in die Abgasleitung ein. Das sekundliche feuchte Abgasvolumen (bezogen auf 100/760) in der Abgasleitung beträgt für den oben angegebenen Gasverbrauch von 110 Nl/min (nach Zahlentafel 9)

$$\frac{0,110}{60} \cdot 10,72 = 0,0197 \text{ m}^3/\text{s} \quad (100/760 \text{ feucht}),$$

und daher die Abgasgeschwindigkeit im Rohr für diesen Zustand

$$\frac{0,0197 \cdot 4}{0,11^2 \cdot \pi} = 2,07 \text{ m/s.}$$

Für diese Abgasgeschwindigkeit im Rohr ergibt sich eine Wärmedurchgangszahl nach Abb. 66

$$\text{für Eisenblechrohr} \quad \ldots \quad k = 4,2 \quad \text{WE/m}^2 \text{ h °C}$$
$$\text{» Papprohr} \quad \ldots \ldots \quad k = 3,6 \quad \text{»}$$
$$\text{» Isolierrohr} \quad \ldots \ldots \quad k = 2,08 \quad \text{»}$$

Die spez. Wärme des Abgases berechnet sich zu etwa $C_p = 0,238$ WE/m³ °C bezogen auf 100/760 feucht. In die Temperaturgleichung S. 102

$$\ln (t_{g_a} - t_a) - \ln (t_{g_e} - t_a) = \frac{F \cdot k}{Q \cdot 3600 \cdot C_p}$$

ist nun zu setzen:

$$\ln (97 - 5) - \ln (t_{g_e} - 5) = \frac{F \cdot k}{0,0197 \cdot 3600 \cdot 0,238}.$$

Mit obigen Werten für k und durch Einsetzen von $\frac{1}{4}$, $\frac{1}{2}$, $\frac{3}{4}$ und $\frac{4}{4}$ der gesamten inneren Rohroberfläche ($F = 2{,}76$ m²) ergibt sich der Temperaturverlauf im Rohr nach folgender Zahlentafel:

Zahlentafel 35.

Nach lfd. m Rohrlänge	Eisenblechrohr	Papprohr	Isolierrohr
0	97,0° C	97,0° C	97,0° C
2	82,5	84,3	90,0
4	70,7	73,3	82,6
6	59,9	63,8	76,5
8	50,7	55,7	70,2
Mittel	72,2	74,8	83,3

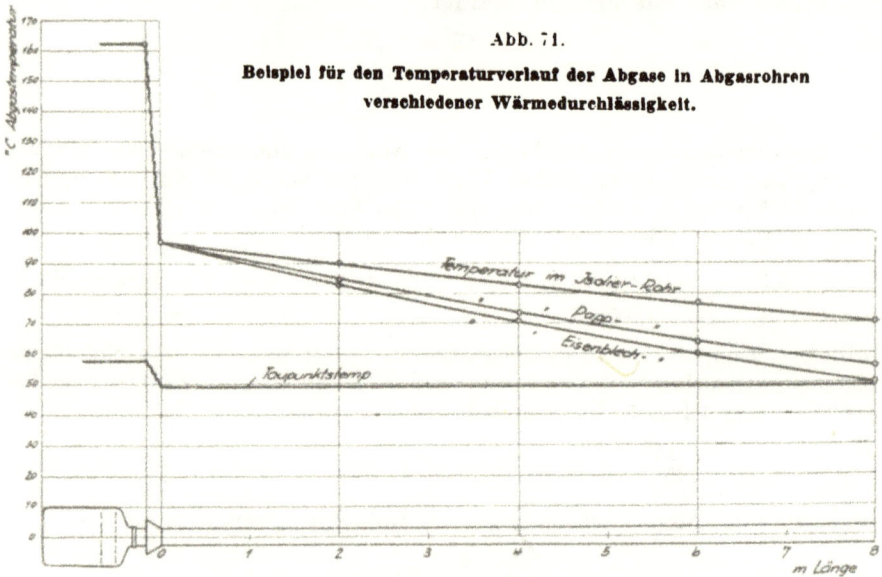

Abb. 71.

Beispiel für den Temperaturverlauf der Abgase in Abgasrohren verschiedener Wärmedurchlässigkeit.

Der nach den Werten vorstehender Zahlentafel sich ergebende Temperaturverlauf ist in Diagramm Abb. 71 graphisch dargestellt. Wird die vom Eisenblechrohr entwickelte Auftriebsenergie mit 100% bezeichnet, so beträgt der Auftrieb im Papprohr 102,6%, im Isolierrohr 111,4% und im theoretisch möglichen Fall — bei einem wärmeundurchlässigen Rohr — 124,6% oder besser umgekehrt: der Gütegrad des Eisenblechrohres beträgt 80,3%, der des Papprohres 82,3% und der des Isolierrohres 89,5%, bezogen auf das wärmeundurchlässige Rohr gleicher Abmessungen, welches 100% Gütegrad hat.

X. Berechnung von einfachen Abgasleitungen.

Die in den vorstehenden Erörterungen gewonnenen Erkenntnisse sollen in diesem Abschnitt zur Berechnung von Abgasleitungen zusammengefaßt werden. Ausgehend von dem Grundsatz, daß die Auftriebsenergie den Strömungsvorgang hervorruft und zwischen der gesamten Auftriebsenergie einerseits und dem dynamischen Druck und den Widerständen andererseits immer Gleichheit bestehen muß, ergibt sich für den Strömungsvorgang die bekannte Beziehung:

$$h\,(\gamma_l - \gamma_g) = \frac{w^2}{2g}\,\gamma_g + R \cdot l + \Sigma Z,$$

worin: h in m der lotrechte Abstand der Ein- und Austrittsöffnung der Abgasleitung ist,

$$\gamma_l = 1{,}293 \cdot \frac{p}{760} \cdot \frac{273}{T_l} - 0{,}000607\,\gamma_l' \cdot \varphi_l \text{ kg/m}^3$$

das Raumgewicht der umgebenden Luft bei dem Barometerstand p mm Q.-S., der abs. Temperatur T_l und der relativen Feuchtigkeit φ_l,

$$\gamma_g = \gamma_{g_0} \frac{p}{760} \cdot \frac{273}{T_g} - 0{,}000607\,\gamma_g' \cdot \varphi_g \text{ kg/m}^3$$

das Raumgewicht der Abgase bei p mm Q.-S., T_g abs. Temperatur und der relativen Feuchtigkeit φ_g. γ_{g_0} war nach früherem

$$\gamma_{g_0} = 1{,}293 + \frac{CO_2}{100}\left(0{,}713 - \frac{4{,}2}{CO_{2max}}\right) \text{ kg/Nm}^3,$$

w in m/s die Abgasgeschwindigkeit im Rohr,

l in m die Länge der Abgasleitung,

$$R = 2{,}61 \cdot 10^{12} \frac{Q^{1,924}}{d^{5,129}} \cdot \gamma_g^{0,852} \text{ mm W.-S./lfd. m Rohrreibg.}$$

$$\Sigma Z = \Sigma \zeta \frac{w^2}{2g}\,\gamma_g \text{ mm W.-S. die Einzelwiderstände.}$$

Ferner besteht für die Abkühlung der Abgase die Gleichung

$$d \cdot \pi \cdot l \cdot k \cdot T_{d_m} = Q\,\frac{273}{T_g} \cdot C_{p_0}\,(t_{ga} - t_{gr}) \cdot 3600,$$

worin:

d in m der Rohrdurchmesser,

l in m die Länge der Abgasleitung.

k die Wärmedurchgangszahl,

T_{d_m} in °C die mittlere Temperaturdifferenz zwischen Abgasen und umgebender Luft:

$$T_{d_m} = \frac{\tau_a - \tau_e}{\ln \dfrac{\tau_a}{\tau_e}} \quad \begin{array}{l}(\tau_a = \text{Temp.-Diff. am Anfang}).\\ (\tau_e = \text{Temp.-Diff. am Ende}),\end{array}$$

Q in m³/s die Abgasmenge (gemessen bei der mittleren Temperatur der Abgase im Abzugsrohr),

C_{p_e} in WE/Nm³ und °C die mittlere spez. Wärme der Abgase

t_{g_a} in °C die Temperatur der Abgase am Anfang der Abgasleitung,

t_{g_e} in °C die Temperatur der Abgase am Ende der Abgasleitung.

Durch Vereinigung dieser beiden Gleichungen entsteht die gesuchte Beziehung zwischen der Abgasmenge Q in m³/s und der Höhe h m und dem Durchmesser d m des Abzugsrohres. Die Ausrechnung ergibt zwar gute Werte für d und h, jedoch ist die Rechenarbeit zu groß, als daß man diesen Weg als eine glückliche Lösung bezeichnen könnte. Für die Praxis genügt bereits die erste Gleichung, die in ihrer vollständigen Form lautet:

$$h\,(\gamma_l - \gamma_g) = \frac{w^2}{2g}\gamma_g + l \cdot 2{,}61 \cdot 10^{12}\frac{Q^{1,924}}{d^{5,129}}\gamma_g^{0,852} + \Sigma\zeta\,\frac{w^2}{2g}\gamma_g.$$

Die Rohrreibung ist nach früherem wegen der kleinen in Frage kommenden Geschwindigkeiten nicht bedeutend und könnte bei der ersten angenäherten Rechnung sogar vernachlässigt werden. Die Rohrreibung soll daher als Zuschlag zu den Einzelwiderständen ausgedrückt werden, und zwar so, daß $R \cdot l = r \cdot \dfrac{w^2}{2g}\gamma_g$ ist. Wenn außerdem nach der Kontinuitätsgleichung $Q = \dfrac{d^2 \cdot \pi}{4} \cdot w$ für w der entsprechende Wert Q in obige Gleichung eingeführt und für γ_g auf der rechten Seite der Gleichung der Wert 0,8 kg/m³ (= Raumgewicht der Stadtgasabgase bei 150° C und 760 mm Q.-S.) gesetzt wird — letzteres ist zulässig, da geringe Abweichungen von diesem Wert das Ergebnis nicht sehr beeinflussen —, so lautet die Energiegleichung für die Abgasleitungen:

$$h\,(\gamma_l - \gamma_g) = \frac{Q^2}{d^4}\,0{,}0652\,(1 + r + \Sigma\zeta),$$

worin Q in m³/s die Abgasmenge bei der mittleren im Kamin herrschenden Temperatur und d in m den Rohrdurchmesser bedeuten. Die Gleichung enthält die gewünschte Relation zwischen Q, d und h bei einem bestimmten Wert $(\gamma_l - \gamma_g)$ und den in der Rohrleitung herrschenden Widerständen. Der Klammerausdruck $(1 + r + \Sigma\zeta)$ soll gleich ϱ gesetzt und der Eintrittswiderstand ζ_e aus der $\Sigma\zeta$ herausgenommen werden. Es ist dann:

$$\varrho = 1 + r + \zeta_e + \Sigma\zeta.$$

Wenn die Anordnung der Abgasleitung mit den einzubauenden Krümmern, T-Stücken usw. bekannt ist, sind auch nach Diagramm Abb. 44 und 45 die ζ-Werte bekannt. r kann zunächst vernachlässigt, also gleich Null gesetzt oder geschätzt werden, was nach einiger Praxis nicht schwer fällt. γ_l ist meistens bekannt; bei γ_g spielt die Abkühlung eine große Rolle, weshalb für γ_g nicht das Raumgewicht der Abgase beim Eintritt in den Kamin, sondern das γ_g für die mittlere Abgastemperatur in der Abzugsleitung zu setzen ist. Entweichen die Abgase z. B. aus dem Gerät mit 170° C, so kann man je nach dem verwendeten Material und der Höhe der Abgasleitung die Abgastemperatur beim Austritt aus dem Kamin z. B. zu etwa 100° C schätzen oder nach einem Diagramm wie Abb. 62 überschlagen. Auch in der Schätzung dieser Temperaturen bekommt man bei einiger Praxis Übung. Es hat diese Methode auch den Vorteil, daß man sich mit der Materie befassen muß und die verheerende Wirkung der Abgasabkühlung in Kaminen zahlenmäßig beurteilen lernt. Das γ_g wäre in dem Beispielfall für eine mittlere Abgastemperatur von etwa $\frac{170+100}{2} = 135°$ C einzusetzen, was aber nicht genau stimmt, da der Temperaturverlauf logarithmisch ist. Wenn die Kaminabmessungen in dieser Weise ungefähr ermittelt sind, muß die Rechnung mit genaueren Werten wiederholt werden.

Zur Erleichterung der Rechnung dient das Diagramm Abb. 72 bzw. die beiliegende Tafel, Abb. 73. In diesem Diagramm tritt γ_l und γ_g nicht direkt in Erscheinung, sondern nur die Außenluft- bzw. Abgastemperaturen, was möglich ist, da die Raumgewichte eine Funktion der Temperaturen sind. Der CO_2-Gehalt der Abgase, der ja nach früherem auch einen Einfluß auf das Raumgewicht hat, ist im Diagramm unberücksichtigt geblieben, da der Einfluß zu gering ist. Mit Hilfe dieses Diagrammes läßt sich schnell und einfach bei einer gegebenen Außentemperatur, einer mittleren Abgastemperatur und einer gegebenen Kaminhöhe entweder der Durchmesser der Rohrleitung für eine bestimmte Abgasmenge und für gegebene bauliche Verhältnisse ermitteln, oder auch umgekehrt aus der Höhe und Weite des gegebenen Abzugsrohres die Abgasmenge feststellen, welche der Kamin bewältigt.

Zahlenbeispiel 1. In ein gerades und vertikales Rohr von 136 mm l. Dmr. und 3 m Höhe treten Abgase mit 187° C ein und verlassen das Rohr am oberen Ende mit 136° C. Wie groß ist die Abgasmenge, die in der Zeiteinheit infolge des Auftriebes durch das Rohr strömt, wenn das Raumgewicht der umgebenden Luft 1,15 kg/m³ (bei etwa 15° C und 720 mm Q.-S.) ist?

Der Auftrieb errechnet sich zu 3 (1,15 — 0,78) = 1,11 mm W.-S. Nach Diagramm Abb. 45 wird ζ_e zunächst zu 1,7 geschätzt, woraus sich ein ϱ von $1 + 1,7 = 2,7$ ergibt. Die Rohrreibung wird zunächst vernachlässigt. Der Wert für $\varrho = 2,7$ in obige Gleichung eingesetzt, ergibt für Q den Betrag:

$$Q^2 = \frac{1,11 \cdot 0,136^4}{0,0652 \cdot 2,7},$$

$$Q = 0,0464 \text{ m}^3/\text{s},$$

daraus $\qquad w = 3,17 \text{ m/s}.$

Wird auf Grund dieser überschlägigen Werte jetzt mit genaueren Zahlen gerechnet, so ist für ζ_e nach Diagramm Abb. 45 der Wert 1,69 und für die Rohrreibung R nach Diagramm Abb. 42 der Wert $R = 0,09$ mm W.-S. pro lfd. m, also insgesamt $3 \cdot 0,09 = 0,27$ mm W.-S. einzusetzen. Die Rohrreibung in

mm W.-S. kann direkt vom Auftrieb abgezogen werden. Die vom Rohr bewältigte Gasmenge errechnet sich demnach zu:

$$Q^2 = \frac{(1.11 - 0,27) \cdot 0,136^4}{0,0652 \cdot 2,69}$$

$$Q = 0,0406 \text{ m}^3 \text{ s,}$$

$$w = 2,79 \text{ m/s.}$$

Abb. 7?.

Diagramm
zur Ermittlung der Ab-
messungen von Abgas-
leitungen.

Aus der Abgasmenge Q und dem CO_2-Gehalt der Abgase läßt sich der Gasverbrauch errechnen, für den das genannte Rohr ausreichend wäre. Der manometrische Druckverlauf im Rohr läßt sich nach früheren Angaben aus diesen Werten leicht ermitteln.

Zahlenbeispiel 2. In dem gleichen Rohr des Beispiels 1 sind zwei Einzelwiderstände Z_1 und Z_2 vorhanden, deren ζ-Werte $\zeta_1 = 2{,}0$ und $\zeta_2 = 5$ betragen. Z_1 sei 0,78 m und Z_2 2.2 m vom oberen Ende entfernt. Welche Abgasmenge bewältigt das Rohr und wie ist der manometrische Druckverlauf, wenn die Eintrittstemperatur der Abgase 235° C und die Austrittstemperatur 135° C beträgt?

Der Auftrieb errechnet sich zu $3\,(1{,}15-0{,}66) = 1{,}47$ mm W.-S. (für 720 mm Q.-S. Barometerstand). ζ_e wird zunächst wieder zu 1,7 geschätzt und r vernachlässigt, dann ist $\varrho = 1 + 1{,}7 + 5 + 2 = 9{,}7$ und $Q = 0{,}0285$ m³/s und $w = 1{,}96$ m/s.

Für die Nachrechnung ist an Rohrreibung der Betrag $3 \cdot 0{,}03 = 0{,}09$ mm W.-S. vom Auftrieb abzuziehen und für ζ_e der genauere Wert 1,78 zu setzen. Mit diesen Werten und der Korrektur des Raumgewichtes errechnet sich:

$$Q^2 = \frac{(1{,}47 - 0{,}09) \cdot 0{,}136^4}{0{,}0652 \cdot 9{,}78} \cdot \frac{0{,}8}{0{,}66}$$

$$Q = 0{,}0299 \text{ m}^3/\text{s},$$

$$w = 2{,}05 \text{ m/s}.$$

An der Eintrittsstelle herrscht nach der Gleichung auf S. 23. Abschnitt V der Druck:

$$p_e = 3\,(1{,}15 - 0{,}66) - \left\{ \frac{2{,}05^2}{2\,g}\,0{,}66 + 3 \cdot 0{,}03 + (5+2)\,\frac{2{,}05^2}{2\,g}\,0{,}66 \right\}$$

$$= +0{,}252 \text{ mm W.-S., also } 0{,}252 \text{ mm W.-S. Unterdruck.}$$

Vor dem Widerstand Z_2 herrscht ein Druck:

$$p = 2{,}2\,(1{,}15 - 0{,}66) - \left\{ \frac{2{,}2}{3{,}0} \cdot \frac{2{,}05^2}{2\,g}\,0{,}66 + 2{,}2 \cdot 0{,}03 + (5+2)\,\frac{2{,}05^2}{2\,g}\,0{,}66 \right\}$$

$$= -0{,}08 \text{ mm W.-S., also } 0{,}08 \text{ mm W.-S. Überdruck.}$$

Nach dem Widerstand Z_2 ist ein Druck:

$$p = 2{,}2\,(1{,}15 - 0{,}66) - \left\{ \frac{2{,}2}{3{,}0} \cdot \frac{2{,}05^2}{2\,g}\,0{,}66 + 2{,}2 \cdot 0{,}03 + 2 \cdot \frac{2{,}05^2}{2\,g}\,0{,}66 \right\}$$

$$= +0{,}626 \text{ mm W.-S., also } 0{,}626 \text{ mm W.-S. Unterdruck usw. ...}$$

Aus der Durchrechnung dieser zwei Beispiele läßt sich wohl zur Genüge erkennen, daß die Bestimmung der Leistung eines gegebenen Abzugsrohres oder die Ermittlung der Abmessungen eines Abzugsrohres für eine gegebene Leistung keine Schwierigkeiten macht, wenn die Abgastemperaturen bekannt sind. Die Eintrittstemperatur der Abgase in das Abzugsrohr liegt meist durch die Bauart der Geräte fest, die Austrittstemperatur muß — wie schon erwähnt — je nach Material und vermutlichen Abmessungen der Abgasleitung und nach der Temperatur der umgebenden Luft zunächst geschätzt und später mit den angegebenen Gleichungen genauer festgelegt werden.

Das dieser Abhandlung beigefügte Diagramm Abb. 73 für die Ermittlung der Abmessungen von Abzugsrohren zeigt die Zusammenhänge zwischen Stadtgasverbrauch, Abgasmenge und Rohrabmessungen bei verschiedenem ϱ und verschiedenen mittleren Abgastemperaturen. Bei dem Gebrauch des Diagramms ist die ev. Zumischung von Kaltluft zu den Abgasen in der Zugunterbrecheröffnung zu berücksichtigen. Die hierfür in Frage kommenden Mengen können mit Hilfe des Diagramms Abb. 58 unter Beachtung der jeweils vorliegenden Verhältnisse bestimmt werden. Das Diagramm Abb. 57 enthält die Eintrittswiderstände, aus denen die ζ-Werte für den kegelförmigen Zugunterbrecher abzuleiten sind.

Das Hauptdiagramm Abb. 73 gilt zunächst nur für ein Stadtgas wie es auf S. 48, Abschnitt VI den Berechnungen zugrunde gelegt ist. Weicht die Zusammensetzung des Gases eines Werkes stark hiervon ab, so wird die Aufstellung eines neuen Diagramms für dieses Heizgas ohne besondere Schwierigkeit zu machen sein.

XI. Schlußbemerkungen.

Um die Vorgänge in der Abgasleitung vollständig beherrschen zu können und die Abführung der Abgase so zu gestalten, daß keinerlei Mißstände auftreten, sind die Arbeiten in der Richtung der Messung von Einzelwiderständen und der Abkühlungsverluste zu ergänzen. Es ist wohl selbstverständlich, daß hierzu eine Menge Kleinarbeit zu leisten ist; denn die Ausführungen der Geräte, die Baustoffe und die Anlage der Abgasleitungen sind bis jetzt derart verschieden, daß die Zusammenstellung sämtlicher Meßergebnisse sehr umfangreich ausfallen würde. Es liegt aber nicht in der Absicht des Verfassers, diese Ergebnisse, die zum geringen Teil schon vorhanden sind, in diese Abhandlung mit aufzunehmen. Es müssen vielmehr von verschiedenen Stellen diese Meßergebnisse systematisch gesammelt und verarbeitet werden, da nur unter diesen Voraussetzungen ein günstiges Ergebnis für die Allgemeinheit zustande kommt. Außerdem würde sich der einzelne mit den Messungen aller vorkommenden Variationen in den Geräten und Abgasleitungen viel zu lange aufhalten. Von Zeit zu Zeit wären die gleichen Objekte von verschiedenen Personen zu untersuchen, ohne daß vorher ein Gedankenaustausch unter ihnen über die Art und Weise der Versuche und ihre Ergebnisse stattgefunden hat; es ist zur Kontrolle der Richtigkeit dieser zum Teil etwas heiklen Versuche schon notwendig; ein Irrtum kann jedem unterlaufen und es muß vermieden werden, daß falsche Schlüsse für die Allgemeinheit gezogen werden. Außerdem ist die Art des Vorgehens bei Versuchen bei den verschiedenen Personen verschieden; führen aber zwei verschiedene Wege zum gleichen Ergebnis, so darf man annehmen, daß das Ergebnis richtig ist. Gerade auf dem in Rede stehenden Gebiet gehen die Auffassungen vom Wesen des Auftriebs und von der Umsetzung dieser Energie in Strömungsenergie noch weit auseinander; dadurch erklären sich auch die Verschiedenheiten in der Wahl der Mittel, die zum Ziel führen sollen. Wie schon anfangs erwähnt, sind der Variablen bei diesem Problem zu viele und je nach den gemachten Voraussetzungen kann eine Ausführung der Abgasleitung gut sein, die sich bei anderen Voraussetzungen nicht bewährt. Es ist nun die Aufgabe, diese Voraussetzungen bei der Ausführung von Abgasleitungen so zu treffen, daß bei den allgemein anzuwendenden Regeln die gewünschten Erfolge sicher eintreffen. Unter diese Voraussetzungen fällt besonders die Wahl der zu verwendenden Baustoffe, die in allen Teilen z. B. was Festigkeit, Wärmedurchlässigkeit, Wärmekapazität, Rauheit der Wandung, Korrosion usw. anbetrifft, genau bekannt und der Rechnung zugänglich sein müssen. Ferner fällt unter diese Voraussetzung die genaue Kenntnis der Arbeitsweise der verschiedenen Zugunterbrecher: wieviel Kaltluft sie unter allen möglichen Verhältnissen zu den Abgasen mischen, wie die Drücke bzw.

Widerstände sich dabei ändern und dgl. mehr. Es wird sich aus Gründen der Sicherheit, mit der eine richtige Arbeitsweise der projektierten und ausgeführten Abgasleitung zu erwarten ist, ferner aus Gründen der Einfachheit bei der Projektierung, die auch von wenig vorgebildetem und fachlich nicht speziell geschultem Personal geschehen muß, und wegen der Gleichmäßigkeit der auszuführenden Abgasleitungen auf die Dauer nicht vermeiden lassen, möglichst gleiche Voraussetzungen für alle Abgasleitungen zu schaffen, wenn der Erfolg nicht ausbleiben soll. Dazu gehören auch gleiche Abgastemperaturen bei Austritt aus den Geräten. Indem auf diese Weise eine große Anzahl Variabler bei der Projektierung der Abzugsrohre ausgeschaltet wird, ist es nicht schwer, die übrigen Größen wie Gasverbrauch bzw. Abgasmenge, Kaminhöhe und Kaminweite usw. in den richtigen Einklang zu bringen. Wie der einzelne für sich im Laufe seiner Arbeitstätigkeit durch Herstellung von Normalien für die Anlage von Abgasleitungen sich eine Grundlage schafft, an der er festhält, weil er dann seines Erfolges sicher ist, so kann durch Verallgemeinerung dieser Methode die Planung und Verlegung der Abgasleitung sehr vereinfacht und verbessert werden. Die Entwicklung muß darauf hinauslaufen, daß an Hand von schematischen Darstellungen der verschiedensten Ausführungsarten von Abgasleitungen, die sich nicht nur vom Gerät bis zur Einmündung in einen gemauerten Kamin sondern bis zum Austritt der Abgase ins Freie erstrecken, der Druckverlauf, die Leistung, die Abkühlung der Abgase usw. gezeigt werden. Ist eine Abgasleitung zu bauen, so wird in dieser genannten Zusammenstellung ein ungefähr passendes Schema für den gerade vorliegenden Fall zu finden sein, das selbstverständlich mit den notwendigen Abänderungen unter Berücksichtigung der Eigenarten des Falles zu benutzen ist. Eine derartige Zusammenstellung von typischen Beispielen mit ausgiebigen, praktisch brauchbaren und zahlenmäßig belegten Erläuterungen würde der jetzigen Unsicherheit ein Ende machen. Diese Zusammenstellung muß so abgefaßt werden, daß auch besonders der Installateur beim Nachschlagen Nutzen daraus zieht. Die zum Teil nicht einfachen Beziehungen sind in eine Form zu bringen, daß sie leicht verständlich sind. Bevor natürlich die Herstellung einer derartigen übersichtlichen Zusammenstellung von typischen Beispielen in Angriff genommen wird, müssen die Vorgänge in der Abgasleitung vollständig geklärt sein, wozu diese Abhandlung nach der Absicht des Verfassers beitragen sollte.

Bis jetzt sind in dieser Abhandlung nur die Verhältnisse bei einfachen, geschlossenen, geraden und geschleiften Abgasrohren mit und ohne Zugunterbrechung untersucht. Die weiteren Untersuchungen müssen sich auf die vielfach in der Praxis vorkommenden Fälle erstrecken, daß mehrere Rohre in verschiedenen Höhen zu einem gemeinsamen Abzugsrohr zusammentreffen und daß diese Abzweigrohre am Anfang offen sind. Entweder dienen diese Abzweigrohre als einfache Zugunterbrecher oder als Abgasrohre von Gasgeräten, die unter Zwischenschaltung eines Zugunterbrechers durch das Abzweigrohr an die Hauptabgasleitung angeschlossen sind. Das Charakteristische an dieser Bauart ist der Umstand, daß die Abzweigrohre am Anfang geöffnet sind; von dem Fall, daß eine Klappe darin eingebaut ist, kann abgesehen werden, da er auf bereits erörterte Fälle zurückzuführen ist. Im folgenden sollen noch einige Angaben über die rechnerische Behandlung der Strömungsvorgänge bei Anschluß von Zweigrohren an ein gemeinsames Sammelrohr gemacht werden.

Kamin mit mehreren Anschlüssen.

Der Einfachheit halber sei zunächst angenommen, daß das Rohrsystem nach nebenstehender Skizze Abb. 74 an der Stelle *3* an den Saugstutzen eines Ventilators angeschlossen und an der Stelle *3* ein Gesamtunterdruck $p_s =$ p_3 mm W.-S. ($p_s = p_{stat} + p_{dyn}$) gehalten werde. Auftriebskräfte und Temperaturveränderungen der Gase seien nicht vorhanden, die Strömung entstehe nur infolge des Unterdrucks p_s.

Es bestehen folgende Beziehungen zwischen den strömenden Gasmengen und den Gesamtdrücken (vgl. S. 122), wenn das Raumgewicht der Gase mit 0,8 kg/m³ angenommen wird:

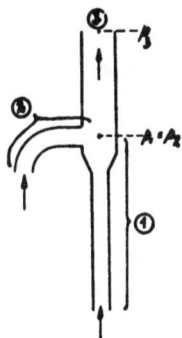

1. $p_1 = \dfrac{Q_1{}^2}{d_1{}^4} \cdot 0{,}0652 \cdot \varrho_1$ mm W.-S.

2. $p_2 = \dfrac{Q_2{}^2}{d_2{}^4} \cdot 0{,}0652 \cdot \varrho_2$ mm W.-S.

3. $p_1 = p_2$.

Abb. 74.

4. $p_3 - p_2 = p_3 - p_1 = \dfrac{Q_3{}^2}{d_3{}^4} \cdot 0{,}0652 \cdot \varrho_3$ mm W.-S.

5. $Q_3 = Q_1 + Q_2$ m³/s.

(Bezeichnungen vgl. Abschnitt X, S. 122.)

Aus der Vereinigung der Gleichungen (1 bis 3) ergibt sich:

$$\frac{Q_1}{Q_2} = \frac{d_1{}^2}{d_2{}^2} \cdot \sqrt{\frac{\varrho_2}{\varrho_1}},$$

d. h. die in die Zweigrohre *1* und *2* eintretenden Gasmengen verhalten sich zueinander wie die freien Querschnitte $\left(\dfrac{d^2 \pi}{4}\right)$ der Zweigrohre und umgekehrt wie die Wurzeln aus den Widerstandszahlen.

Ferner ergibt sich aus den Gleichungen:

$$Q_1 = \sqrt{\frac{p_3}{0{,}0652}} \cdot \frac{1}{\sqrt{\left(\dfrac{d_2{}^2}{d_1{}^2} \cdot \sqrt{\dfrac{\varrho_1}{\varrho_2}} + 1\right)^2 \cdot \dfrac{\varrho_3}{d_3{}^4} + \dfrac{\varrho_1}{d_1{}^4}}} \text{ m}^3 \text{ s}$$

$$Q_2 = \sqrt{\frac{p_3}{0{,}0652}} \cdot \frac{1}{\sqrt{\left(\dfrac{d_1{}^2}{d_2{}^2} \cdot \sqrt{\dfrac{\varrho_2}{\varrho_1}} + 1\right)^2 \cdot \dfrac{\varrho_3}{d_3{}^4} + \dfrac{\varrho_2}{d_2{}^4}}} \text{ m}^3 \text{ s.}$$

$$p_1 = p_2 = \frac{p_3}{\left(\dfrac{d_2{}^2}{\sqrt{\varrho_2}} + \dfrac{d_1{}^2}{\sqrt{\varrho_1}}\right)^2 \cdot \dfrac{\varrho_3}{d_3{}^4} + 1} \text{ mm W.-S.}$$

Die in Frage kommenden Gasmengen und Unterdrücke lassen sich daher bei gegebenem p_3 berechnen; die Abmessungen und Widerstände des Rohrsystems müssen selbstverständlich bekannt sein.

Aus den Gleichungen (1 bis 5) läßt sich außerdem noch folgende Gleichung aufstellen:

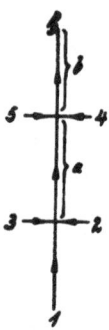

$$\left.\begin{array}{l} Q_1{}^2 \cdot \dfrac{\varrho_1}{d_1{}^4} \\[2ex] Q_2{}^2 \cdot \dfrac{\varrho_2}{d_2{}^4} \end{array}\right\} + (Q_1 + Q_2)^2 \cdot \dfrac{\varrho_3}{d_3{}^4} = \dfrac{p_3}{0{,}0652}.$$

Die Schreibweise der Gleichung deutet zugleich an, daß die beiden Terme $Q_1{}^2 \cdot \dfrac{\varrho_1}{d_1{}^4}$ und $Q_2{}^2 \cdot \dfrac{\varrho_2}{d_2{}^4}$ gleichwertig sind und bei der Ausrechnung der Gleichung nur 1 Wert berücksichtigt werden darf. Auch die Parallel- und Hintereinanderschaltung der verschiedenen Widerstände ist gleichsam daraus zu entnehmen, wie dies aus der Gleichung für ein Rohrsystem nach nebenstehender Skizze Abb. 75 noch besser hervorgeht:

Abb. 75.

$$\left.\begin{array}{l} Q_1{}^2 \cdot \dfrac{\varrho_1}{d_1{}^4} \\[2ex] Q_2{}^2 \cdot \dfrac{\varrho_2}{d_2{}^4} \\[2ex] Q_3{}^2 \cdot \dfrac{\varrho_3}{d_3{}^4} \end{array}\right\} + (Q_1 + Q_2 + Q_3)^2 \cdot \dfrac{\varrho_a}{d_a{}^4} \left.\begin{array}{l} \\[2ex] \\[2ex] Q_4{}^2 \cdot \dfrac{\varrho_4}{d_4{}^4} \\[2ex] Q_5{}^2 \cdot \dfrac{\varrho_5}{d_5{}^4} \end{array}\right\} + (Q_1 + Q_2 + Q_3 + Q_4 + Q_5)^2 \cdot \dfrac{\varrho_b}{d_b{}^4} = \dfrac{p_s}{0{,}0652}.$$

Die Aufstellung dieser Gleichung für beliebig verzweigte Rohrsysteme ist bei diesem Strömungsvorgang und nach diesem Schema einfach und übersichtlich.

Ähnliche Verhältnisse liegen vor, wenn die Strömung in dem Rohrsystem unter dem Einfluß des Auftriebes zustande kommt. Während aber im vorstehenden Fall die Unterdrücke von den Gaseintrittsstellen nach der Gasaustrittsstelle (= Saugstutzen des Ventilators) immer zunehmen und der Unterdruck am Austritt am größten ist, tritt hier wegen der Wirksamkeit des Auftriebes, die sich auf die ganze Länge des Rohrsystemes verteilt, eine andere Druckverteilung ein, so daß je nach Lage und Größe der Einzelwiderstände bald Überdruck bald Unterdruck an verschiedenen Stellen im Rohrsystem herrschen kann. Wieviel Abgase bzw. Luft durch ein Zweigrohr in das Sammelrohr eintritt, hängt außer vom Querschnitt und den Widerständen im Zweigrohr vom Auftrieb im Abzweigrohr und von dem an der Abzweigstelle im Sammelrohr herrschenden Druck ab, und dieser Unter- bzw. Überdruck wird wieder von dem Auftrieb und den Einzelwiderständen des Systems hervorgebracht. Wenn man bedenkt, daß der Auftrieb von der Wärmeabgabe durch die Wandungen der Rohre nach außen und ev. von der Mischung der Abgase mit Kaltluft, die etwa durch ein offenes Zweigrohr zu den warmen Abgasen treten kann, stark abhängig ist, läßt sich wohl erkennen, daß zumal bei vielen Anschlüssen an ein Sammelrohr die Verhältnisse nicht mehr so einfach sind wie bei dem früher behandelten Fall eines Abzugsrohres ohne offene Abzweigrohre. Die Untersuchung und rechnerische Beherrschung der Vorgänge in einem Sammelrohr mit Abzweigrohren ist jedoch notwendig, da diese Fälle in der Praxis zu oft vorkommen und man kein allgemein richtiges Urteil etwa über den günstigen oder ungünstigen Ein-

fluß fällen kann, den der Anschluß eines Gasgerätes mit offenem Zugunterbrecher an Kamine von Kohlenfeuerstätten auf die Zugverhältnisse dieses
Kamins ausübt. Ohne rechte Erkenntnis der dabei auftretenden Vorgänge,
die die Theorie gemeinsam mit der Praxis vermittelt, hält es schwer, gut ar-
beitende Abgasleitungen zu bauen.

Wird zur Erläuterung der Vorgänge von einem einfachen Beispiel nach
Abb. 76 ausgegangen, bei dem in eine gerade Rohrleitung von der Länge h m
in h_2 m Höhe vom oberen Ende ein Zweigrohr einmündet, so erhält man das bekannte Druckdiagramm a, wenn die Zweigleitung geschlossen ist. Das Diagramm a kann man sich aufgelöst denken in 2 Einzeldiagramme b, die zu-
sammengesetzt zwar wieder das Diagramm a ergeben, aber bei denen die auf

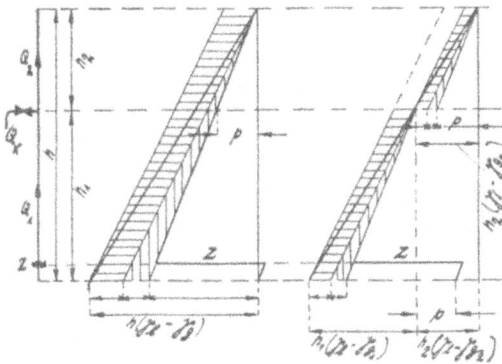

Diagr. a.   Diagr. b.
Abb. 76.

die Einzelstrecken h_1 und h_2 entfallenden Auftriebskräfte und deren gesonderte
Verwendung für den Strömungsvorgang anschaulicher hervorgehen. Es be-
stehen nach Diagramm b die beiden Gleichungen (die Indices entsprechen den
Werten, die den Teilstrecken h_1 und h_2 zukommen):

$$h_2\,(\gamma_l - \gamma_{g_2}) = \frac{Q_2^{\,2}}{d_2^{\,4}} \cdot 0{,}0652 \cdot \varrho_2 + p$$

$$h_1\,(\gamma_l - \gamma_{g_1}) + p = \frac{Q_1^{\,2}}{d_1^{\,4}} \cdot 0{,}0652 \cdot \varrho_1.$$

Die Gleichungen entsprechen im Aufbau der Gleichung S. 23, nur die
Schreibweise ist hier etwas abgeändert. Unter der Annahme, daß das Zweigrohr geschlossen ist und außerdem das vertikale Rohr über die ganze Höhe den
gleichen Durchmesser habe, ist $Q_1 = Q_2$ und $d_1 = d_2$ und obige beiden Gleichungen können zusammengefaßt werden in die eine Gleichung für das geschlossene
Rohr:

$$h_1\,(\gamma_l - \gamma_{g_1}) + h_2\,(\gamma_l - \gamma_{g_2}) = \frac{Q_1^{\,2}}{d_1^{\,4}} \cdot 0{,}0652 \cdot (\varrho_1 + \varrho_2)$$

bzw.

$$h\,(\gamma_l - \gamma_g) = \frac{Q^2}{d^4} \cdot 0{,}0652 \cdot \varrho$$

wenn $\gamma_{g_1} = \gamma_{g_2}$ angenommen wird, d. h. keine Temperaturveränderung im
Rohr eintritt.

9*

Wird nun das Abzweigrohr geöffnet, so daß wegen des an der Einmündungsstelle herrschenden Unterdrucks die Luftmenge Q_x von außen in das vertikale Rohr eintreten kann, so wird Q_2 größer, der Unterdruck p kleiner und daher Q_1 auch kleiner als für den Strömungsvorgang bei geschlossenem Abzweigrohr. Es gelten jetzt die Gleichungen:

$$h_2 (\gamma_l - \gamma_{g_1}) = \frac{Q_2^2}{d_2^4} \cdot 0{,}0652 \cdot \varrho_2 + p$$

$$p = \frac{Q_x^2}{d_x^4} \cdot 0{,}0652 \cdot \varrho_x$$

$$h_1 (\gamma_l - \gamma_{g_1}) + p = \frac{Q_1^2}{d_1^4} \cdot 0{,}0652 \cdot \varrho_1$$

$$\gamma_{g_1} = \frac{Q_x \cdot \gamma_l + Q_1 \cdot \gamma_{g_1}}{Q_1 + Q_x}.$$

ferner
$$Q_2 = Q_1 + Q_x.$$

Sämtliche Werte in diesen Gleichungen sind natürlich von den früheren verschieden bis auf h_1, h_2, d_1, d_2 und ϱ_1 und ϱ_2.

Die Gleichungen kann man wieder zusammenfassen in folgende:

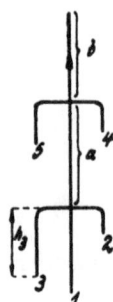

$$\left.\begin{array}{l} Q_x^2 \cdot \dfrac{\varrho_x}{d_x^4} \\[2mm] Q_1^2 \cdot \dfrac{\varrho_1}{d_1^4} - \dfrac{h_1 (\gamma_l - \gamma_{g_1})}{0{,}0652} \end{array}\right\} + (Q_1 + Q_x)^2 \cdot \dfrac{\varrho_2}{d_2^4} = \dfrac{h_2 (\gamma_l - \gamma_{g_1})}{0{,}0652}.$$

Hierbei sind einige Vereinfachungen zugelassen wie z. B. die Beibehaltung der Zahl 0,0652, die auf einem Raumgewicht von 0,8 kg/m³ basiert und die sich unter Berücksichtigung der Veränderung der Raumgewichte ändern sollte. Da die Fehler aber nicht von großem Einfluß sind, soll der Übersichtlichkeit wegen von Änderungen zunächst abgesehen werden.

Abb. 77.

Vorstehende Gleichung auf den allgemeineren Fall der nebenstehenden Abb. 77 angewendet lautet z. B.:

$$\left.\begin{array}{l} Q_1^2 \, \dfrac{\varrho_1}{d_1^4} - \dfrac{h_1 (\gamma_l - \gamma_1)}{0{,}0652} \\[2mm] Q_2^2 \cdot \dfrac{\varrho_2}{d_2^4} - \dfrac{h_2 (\gamma_l - \gamma_2)}{0{,}0652} \\[2mm] Q_3^2 \, \dfrac{\varrho_3}{d_3^4} - \dfrac{h_3 (\gamma_l - \gamma_3)}{0{,}0652} \end{array}\right\} + (Q_1 + Q_2 + Q_3)^2 \cdot \dfrac{\varrho_a}{d_a^4} - \dfrac{h_a (\gamma_l - \gamma_a)}{0{,}0652}$$

$$\left.\begin{array}{l} Q_4^2 \cdot \dfrac{\varrho_4}{d_4^4} - \dfrac{h_4 (\gamma_l - \gamma_4)}{0{,}0652} \\[2mm] Q_5^2 \cdot \dfrac{\varrho_5}{d_5^4} - \dfrac{h_5 (\gamma_l - \gamma_5)}{0{,}0652} \end{array}\right\} + (Q_1 + Q_2 + Q_3 + Q_4 + Q_5)^2 \cdot \dfrac{\varrho_b}{d_b^4}$$

$$- \dfrac{h_b (\gamma_l - \gamma_b)}{0{,}0652} = 0.$$

Aus der vorletzten Gleichung läßt sich entnehmen, daß

$$\frac{Q_1}{Q_x} = \frac{d_1^2}{d_x^2} \cdot \sqrt{\frac{\varrho_x}{\varrho_1}} \cdot \sqrt{\frac{h_1 (\gamma_l - \gamma_{g_1})}{p} + 1}.$$

Diese Gleichung läßt sich anwenden auf die Verhältnisse bei Anschluß eines nicht in Betrieb befindlichen Gasgerätes mit offenem Zugunterbrecher an einen Kamin einer Kohlenfeuerstätte (vgl. Skizze Abb. 76). Q_1 ist die Rauchgasmenge (m³/s) des Kohlenfeuers, d_1 der Durchmesser des Kamins, h_1 die Höhe bis zur Einmündung des Abzugsrohres der Gasfeuerstätte, ϱ_1 eine Zahl für die Gesamtheit der Widerstände für die Rauchgase bis zur Einmündungsstelle des Abzugsrohres des Gasgeräts und γ_{g1} das mittlere Raumgewicht der Rauchgase, ferner ist Q_x die durch das Abzugsrohr des Gasgeräts in den Kamin eintretende (Falsch-) Luft, d_x der Durchmesser dieses Abzugsrohres, ϱ_x eine Zahl für die Gesamtheit der Widerstände im Abzugsrohre bis zur Einmündungsstelle, γ_l das Raumgewicht der Luft und p der an der Einmündungsstelle im Kamin herrschende Unter- (bzw. auch Über-) Druck.

ϱ_1 ist im allgemeinen (wegen des bedeutenden Brennstoffbettwiderstandes) sehr groß gegenüber ϱ_x. Das Verhältnis $\dfrac{Q_1}{Q_x}$ wird um so größer je größer der Querschnitt des Kamins gegenüber dem des Abzweigrohres und je größer der Widerstand im Abzweigrohr gegenüber dem im Kamin einschließlich Brennstoffbett ist. In der Praxis sind in bezug auf den letzten Punkt die Verhältnisse — wie erwähnt — meist umgekehrt. Außerdem hängt die Größe des Verhältnisses $\dfrac{Q_1}{Q_2}$ von dem Wert $\dfrac{h_1 (\gamma_l - \gamma_{g1})}{p}$ ab; je größer dieser ist, um so größer ist $\dfrac{Q_1}{Q_x}$, d. h. um so mehr Rauchgase werden fortgeschafft und um so weniger Luft tritt in den Kamin. $\dfrac{h_1 (\gamma_l - \gamma_{g1})}{p}$ wird groß, wenn γ_{g1} klein (hohe Rauchgastemperatur!) und h_1 groß ist, d. h. wenn die Einmündungsstelle in möglichst großer Höhe über der Kohlenfeuerstätte einmündet. Der Wert von p wirkt sich gemeinsam auf Q_1 und Q_x aus, und zwar derart, daß je größer p, d. h. je größer der Unterdruck an der Einmündungsstelle ist, desto größer auch Q_x und Q_1 werden. — Die Gleichungen waren so angesetzt, daß $+ p$ Unterdruck und $- p$ Überdruck bedeutet. — Ist $p = 0$, so ist $Q_x = 0$, es tritt keine Luft in den Kamin. Ist p negativ, so treten Rauchgase durch das Abzweigrohr aus dem Kamin aus und für die Entwicklung bzw. Fortleitung der Rauchgase aus dem Kohlenfeuer steht nur noch eine Auftriebskraft $\{h_1 (\gamma_l - \gamma_{g1}) - p\}$ mm W.-S. zur Verfügung. Erreicht $- p$ den Wert $h_1 (\gamma_l - \gamma_{g1})$, so ist $Q_1 = 0$; dieser Fall ist jedoch nur dann möglich, wenn der Kamin in der Einmündungsstelle vollständig zugesetzt ist und die Rauchgase auch aus dem Abzweigrohr nicht entweichen können.

Der Druck p hängt von der Größe des Auftriebs $h_2 (\gamma_l - \gamma_{g2})$, von der Menge des Gemisches $(Q_1 + Q_x)$, und von der Lage und Größe der Einzelwiderstände in dem Rohrstrang h_2 ab. Damit an der Einmündungsstelle Unterdruck herrscht, sind Einzelwiderstände in dem Rohrstrang h_2, besonders in der Nähe der Einmündungsstelle zu vermeiden.

Die Diskussion der letzten Gleichung zeigt, unter welchen Bedingungen der Anschluß eines Gasgerätes an einen Kamin ohne größeren Schaden für die Rauchgasabführung einer Kohlenfeuerstätte geschehen kann, andererseits läßt sie aber auch erkennen, daß der offene Anschluß eines Gasgeräts, zumal wenn die Einmündungsstelle seines Abgasrohres dicht am Anschluß der Kohlenfeuerstätte oder auch unterhalb desselben liegt, wie ein Zugunterbrecher für die Kohlenfeuerstätte wirken und die Abführung der Rauchgase empfindlich stören kann; denn der Eintritt von Kaltluft arbeitet nicht nur der Bildung von

Unterdruck, der »Zugerzeugung« entgegen, sondern vermehrt auch die Rauchgasmenge, erhöht dadurch die Widerstände und verringert durch die Erhöhung des Raumgewichtes der Rauchgase die Auftriebskraft. Durch Einbau einer Klappe im Abgasrohr des Gasgerätes können Störungen vermieden werden. Ist die Klappe bei Nichtbenützung des Gasgeräts geschlossen, so ist eine Störung unmöglich; ist die Klappe bei Benützung des Gasgeräts geöffnet, so hängt es wie immer von den Widerständen im Abzugsrohr, von der Rohrweite und dem Unterdruck im Kamin ab, ob viel oder wenig Kaltluft durch den offenen Zugunterbrecher zu den Abgasen des Gasgeräts tritt und wie hoch die Temperatur des zu den Rauchgasen tretenden Gemisches ist.

Für die Wirksamkeit der Zugunterbrecher in Abgasleitungen für Gasgeräte gelten dieselben Gleichungen, wie sie zuletzt aufgeführt sind. Der Wert von p spielt hierbei die größte Rolle. Ist p positiv, tritt Luft zu den Abgasen; ist p negativ (Überdruck), treten die Abgase aus; ist $p = 0$, so findet eine Strömung durch die Öffnung des Unterbrechers nicht statt, die Abgase des Geräts gehen ohne Zusatz von Luft und ohne Verlust an Abgasvolumen in die Abgasleitung über. Durch eine entsprechende Bestimmung der Lage und Größe eines ev. vorgesehenen Einzelwiderstandes z. B. einer fest eingestellten Klappe nach dem Zugunterbrecher ließe sich der Wert p so beeinflussen, daß die günstigsten Verhältnisse erzielt werden.

Eine besondere Untersuchung, die in dieser Abhandlung noch nicht berücksichtigt ist, ist auch den äußeren Störungen durch Windstöße und den Vorgängen in der Abgasleitung beim Beginn des Strömungsvorganges durch den Auftrieb zuzuwenden. Diese letzten Untersuchungen können jedoch erst dann mit Aussicht auf vollen Erfolg durchgeführt werden, wenn man in der Lage ist, den einfachsten Fall der Abgasströmung, die ohne Störung äußerer Einwirkungen unter dem Einfluß des Auftriebes zustande kommt, rechnerisch und praktisch sicher zu beherrschen.

Anhang.

XII. Beschreibung eines Apparates zur Darstellung der in Abgasleitungen herrschenden manometrischen Drücke.

Um sich über die Vorgänge in Abgasleitungen ein anschauliches Bild zu verschaffen, kann man sich eines Apparates bedienen, der etwa folgendermaßen arbeitet (vgl. Abb. 78): Ein Rohr A von h m Länge hat oben und unten je einen Absperrhahn a und b; von dem Rohr A gehen in gleichen Abständen mehrere (beispielsweise 7) mit Wasser gefüllte Abzweigrohre ab, die zu unter sich gleich großen geschlossenen Gefäßen führen, die etwa zur Hälfte mit Wasser, zur Hälfte mit Luft gefüllt sind. Die Wasserspiegel der Gefäße liegen in Höhe der Anschlüsse am Rohr A. Von den Lufträumen der Gefäße gehen mit Luft gefüllte Rohre von unter sich gleich großem Durchmesser zu ebensoviel wassergefüllten U-Rohren von gleicher Bauart, die sämtlich nebeneinander in gleicher Höhe montiert sind, so daß die Minisken bei Nullstellung eine gerade horizontale Linie ergeben.

Ist der Hahn b geschlossen und füllt man das Rohr A mit Wasser an, so ergibt sich nach dem Auffüllen eine Druckverteilung im Rohr A, die von Null (am oberen Ende) bis auf $h \cdot \gamma_w$ kg/m² (am unteren Ende) proportional ansteigt. Je nach der Größe des an irgendeiner Stelle des Rohres A herrschenden Druckes wird so viel Wasser aus dem Rohr A durch das Abzweigrohr in das Gefäß treten, bis der vom Wasser des Gefäßes auf die Luft ausgeübte Druck gleich ist dem Gegendruck, welchen das mittlerweile im offenen Schenkel des U-Rohres hochgestiegene und im anderen Schenkel gefallene Wasser auf die eingeschlossene Luft des Verbindungsrohres ausübt. Die eingeschlossene Luftmenge ist dabei je nach dem ausgeübten Druck mehr oder weniger komprimiert und daher im Volumen kleiner geworden. Wäre die Luft volumen-

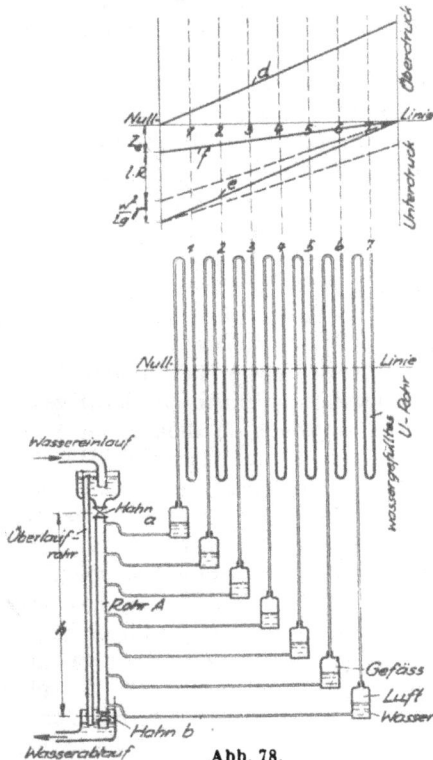

Abb. 78.

beständig, so entspräche der Ausschlag am U-Rohr jeweils genau dem Druck an der Anschlußstelle des Rohres A. Durch die Volumenveränderung der Luft bei Druckänderungen entsteht eine geringe Ungenauigkeit in der Druckanzeige im U-Rohr, die aber hier keine Bedeutung hat, da es nicht auf die absolute Genauigkeit der Druckmessung im Rohr A an einer Stelle sondern auf den Vergleich der verschiedenen Drücke ankommt. Die verschiedenen Längen der Wassersäulen in den offenen Schenkeln der nebeneinander angeordneten U-Rohre geben ein so anschauliches Bild von dem Druckverlauf im Rohr A, daß man auf die geringen Abweichungen von den absolut richtigen Werten gern wird verzichten können. Zudem wachsen die Abweichungen in der Anzeige proportional mit dem Abstand vom oberen (bzw. unteren) Ende des Rohres A, wenn die eingeschlossenen Luftvolumina nach der Gleichung $V_x = V_0 + l_x \cdot q$ gewählt sind ($V_0 =$ der für alle Gefäße gleich groß gewählte mit Luft gefüllte Raum, $q =$ der pro Längeneinheit des luftgefüllten Verbindungsrohres sich ergebende für sämtliche Rohre gleich groß zu wählende Rauminhalt — der Durchmesser muß konstant sein — $l_x =$ die Länge des Verbindungsrohres vom oberen Ende des Gefäßes bis zur Nullinie der U-Rohre) und l_x proportional mit der Entfernung vom oberen Ende des Rohres A länger wird. Auf diese Weise entspricht der durch die Verbindung der Minisken der Wassersäulen entstehende Kurvenzug im Charakter dem manometrischen Druckverlauf im Rohr A. Damit bei Druckänderungen im Rohr A die Verschiebungen der zwei bei jedem U-Rohr vorhandenen Minisken nicht verwirren, wird zweckmäßig nur der offene Schenkel des U-Rohres sichtbar angeordnet und der andere Schenkel verdeckt. Die Längen der Wassersäulen — von der Nullinie ab gerechnet — entsprechen dann etwa der halben Druckhöhe an der Druckentnahmestelle des Rohres A.

Wird der obere Hahn a geschlossen und der untere Hahn b geöffnet und wird durch eine Tauchung dafür gesorgt, daß keine Luft von unten in das Rohr A eindringt, so »hängt« die Wassersäule im Rohr A, es bildet sich ein Unterdruck, der am unteren Ende den Wert Null, am oberen Ende dicht unterhalb des Hahnes a den maximalen Wert $h \cdot \gamma_w$ kg/m² hat. Der Druckverlauf ist wieder proportional der Höhe des Rohres A und wird durch die tiefere Lage der Verbindungslinie der Minisken der Wassersäulen in den offenen Schenkeln der U-Rohre zur ursprünglichen Nullinie gekennzeichnet. Infolge der durch den Unterdruck hervorgerufenen Expansion der eingeschlossenen Luftmengen entsteht wieder eine etwas ungenaue Anzeige.

Bei geöffnetem Hahn a und geschlossenem Hahn b ergibt die Verbindungslinie der Minisken die Gerade d (vgl. Diagramm Abb. 78) bei umgekehrter Hahnstellung die Gerade e. Bei beiden Versuchen war die im Rohr A eingeschlossene Wassersäule in Ruhe. Werden beide Hähne a und b geöffnet und wird dem Rohr A kontinuierlich Wasser zugeführt, so entsteht unter dem Einfluß der Schwere ein Strömungsvorgang, der — unter der Annahme reibungsfreien Verlaufs — den Gleichungen genügt:

$$w = \sqrt{2gh} \text{ m/s}$$

(w die Strömungsgeschwindigkeit in m/s, h die Höhe der Wassersäule in m)

$$Q = \frac{d^2 \pi}{4} \cdot \sqrt{2gh} \text{ m}^3\text{/s}$$

(Q die Wassermenge in m³/s, d der lichte Rohrdurchmesser in m).

Infolge der Rohrreibung wird der Strömungsvorgang verlangsamt, die rechten Seiten der Gleichungen sind daher noch mit einem Faktor k (kleiner als 1) zu multiplizieren, um diesen Einflüssen Rechnung zu tragen. Der mano-

Abb. 79.

metrische Druckverlauf im Rohr A entspricht der Geraden f, die Beträge $R \cdot l$ und $\dfrac{v^2}{2\,g}\,\gamma_w$ zeigt der Apparat nur als Summe an, und zwar auf der Vorderseite des Apparates jeweils nur die halbe Summe. Es läßt sich $\dfrac{w^2}{2g}\,\gamma_w$ aber sehr leicht aus der gemessenen Wassermenge und dem lichten Durchmesser des Rohres A berechnen und die zur Vervollständigung des Diagrammes noch fehlenden Linien etwa durch farbige Schnüren andeuten, die auf der Vorderseite der Tafel zu spannen sind (vgl. Abb. 80).

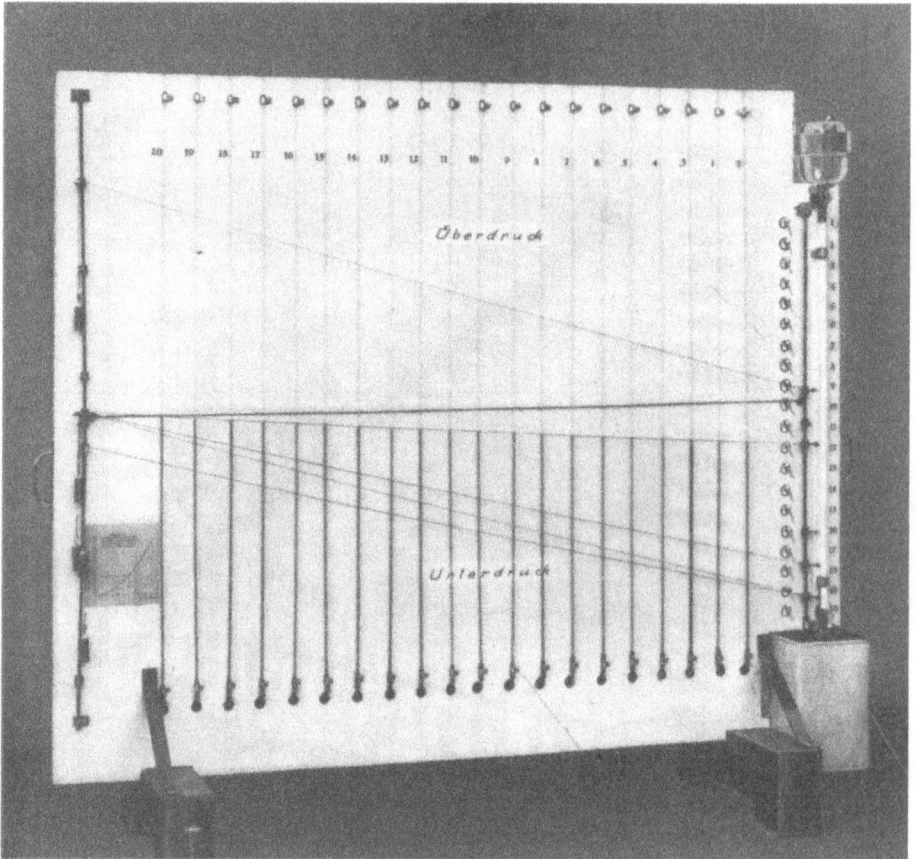

Abb. 80.

Es ist ersichtlich, daß der Apparat die gleichen Verhältnisse anzeigt, wie sie bei Kaminen vorliegen mit dem Unterschied, daß der Strömungsvorgang im Kamin unter dem Einfluß des nach oben wirkenden Auftriebs aufwärts und der Strömungsvorgang im Rohr A unter dem Einfluß des nach unten wirkenden Abtriebs abwärts erfolgt. Man hat sich die Wirkungsweise des Apparates nur entgegengesetzt vorzustellen, statt nach unten nach oben wirkend, um die gleichen Verhältnisse wie im Kamin zu erhalten. Diese Vorstellung könnte durch Spiegel, die dem Beschauer alle Vorgänge entgegengesetzt zeigen, noch unterstützt werden. Durch Einführung von Widerständen, die im Rohr A zu bewegen sind (etwa eiserne Kugeln von verschiedenen Durchmessern, die an einem Bindfaden befestigt und über eine Rolle im Rohr A auf und ab zu bewegen sind) lassen sich die sich verändernden Druckverhältnisse im Rohr A an dem Diagramm auf der Vorderseite der Tafel und die durch die verschieden großen Widerstände hervorgerufenen Leistungsänderungen des »Kamines« durch Messung der in der Zeiteinheit durch das Rohr A strömenden Wassermengen verfolgen. Die jeweilige Leistung des »Kamins« bei verschiedenen Widerständen läßt sich durch eine etwa mit einem Zeiger ausgerüstete Leistungsanzeigevorrichtung oder dgl. anschaulich machen. Die Skala könnte gleichzeitig neben der Leistung in l/min den Wert $\dfrac{w^2}{2\,g}\,\gamma_w$ in mm W.-S., also den dynamischen Druck enthalten, damit die Aufteilung des vorhandenen Abtriebes auf der Diagrammtafel sofort vorgenommen werden kann.

Stellt man sich vor, daß der obere Teil des Rohres A das Gasgerät und der untere Teil der sich anschließende Kamin ist, macht man ferner in das Rohr A dort, wo das Gasgerät aufhören soll, eine Unterbrechung und läßt den als Abzugsrohr anzusehenden unteren Teil des Rohres A mit einem Trichter anfangen, in welchem das vom »Gerät« ausströmende Wasser (= »Abgas«) aufgefangen wird, so hat man den Anschluß eines Gasgerätes an einen Kamin unter Verwendung eines Zugunterbrechers durch den Apparat dargestellt. Leitet das Abzugsrohr z. B. infolge darin eingebauter großer Widerstände die vom »Gerät« anfallende Wassermenge nicht vollständig ab, ist die Leistung des »Kamines« zu klein, so läuft das Wasser aus dem Trichter über, d. h. »die Abgase treten am Zugunterbrecher aus«. Durch Verlängerung des Rohres A nach unten läßt sich andererseits aber die Leistung des Kamines auch steigern und ein Austreten der Abgase vermeiden. Das Gasgerät kann durch ein kurzes weites Rohr mit Widerständen (»Lamellenwiderstand«) veranschaulicht werden.

Der durch das Rohr A dargestellte Kamin hat pro lfd. m immer den gleichen »Auftrieb«, da das Gewicht des Wassers konstant ist; bei Abgasleitungen wechselt der Auftrieb infolge Temperaturveränderungen.

Aus dem Gesagten geht wohl bereits hervor, daß mit dem Apparat die verschiedensten Experimente zur Veranschaulichung der bei Abgasleitungen vorliegenden Verhältnisse gemacht werden können. Vorführungen damit können das Verständnis für die Vorgänge in Kaminen durchaus fördern, da der Einfluß der Reibung, der Einzelwiderstände und der Größe des Auftriebes auf die Leistung meßbar und der manometrische Druckverlauf sichtbar sind.

Über die praktische Ausführung des Apparates wäre folgendes zu sagen: Die Länge des Rohres A wird für größere Apparate, die Vorführungszwecken dienen sollen, zu etwa 1 m gewählt, die Anzahl der Abzweigrohre kann etwa 20 betragen, damit sich ein großes Diagramm mit vielen Meßpunkten ergibt. Die lichte Rohrweite darf nicht zu groß sein, weil sonst die benötigten Wassermengen $\left(Q = \dfrac{d^2\,\pi}{4}\, \mid \sqrt{2\,g\,h}\right)$ nicht bequem genug herbeizuschaffen sind. Bei 10 mm lichtem Rohrdurchmesser ergibt sich bei reibungsfreier Strömung eine Wassermenge von etwa 0,35 l/s, also bereits eine bedeutende Menge, die selbst bei Wasserleitungsanschluß nicht immer zur Verfügung steht. Wegen des Einbaues von beweglichen Widerständen sollte aber bei größeren Apparaten der Durchmesser 10 mm nicht viel unterschreiten.

Um den Einfluß der Gefäß- und Verbindungsrohrweiten und die Meß-
genauigkeit des Apparates beurteilen zu können, lassen sich umständliche
Rechnungen ausführen. Es genügt hier der Hinweis, daß der Querschnitt der
Verbindungsrohre zum Querschnitt der Gefäße sich verhalten kann wie etwa

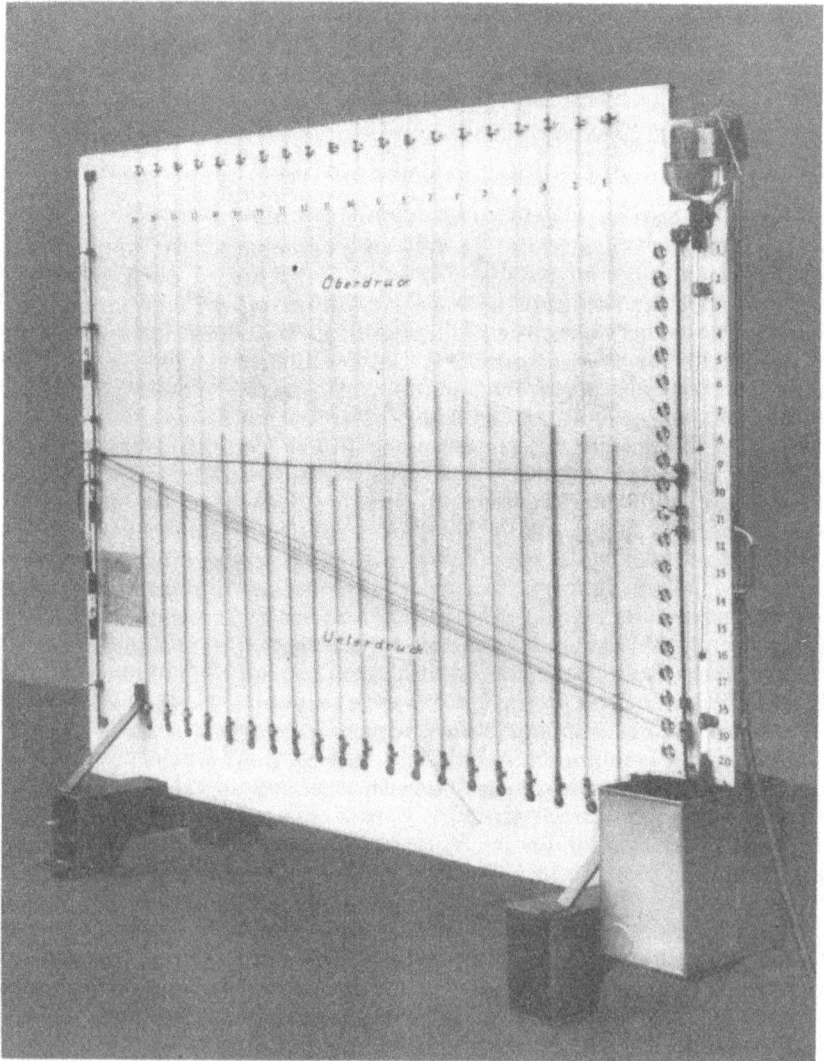

Abb. 81.

1:250 bis 300, um brauchbare Werte zu bekommen. Bei 3 mm Rohrinnen-
durchmesser ergibt sich etwa 50 mm Gefäßinnendurchmesser. Die größte
Sorgfalt ist auf die Gleichheit der Rohr- und Gefäßdurchmesser untereinander
zu legen, wenn die vom Apparat gezeichneten Druckverlaufskurven zur Zu-

friedenheit des Experimentierenden ausfallen sollen. Es genügt meist nicht, etwa dem Glasbläser z. B. die Benutzung gleicher Rohre vorzuschreiben, da die Ansichten über die Genauigkeit der verarbeiteten Materialien durchaus verschieden sein können. Ebenso muß die Montage sehr exakt ausgeführt werden: Die Gefäße sind in der Höhenlage so anzuordnen, daß der Luftraum über dem Wasser bei allen Gefäßen gleich groß ist. Alle Verbindungsstellen müssen absolut dicht sein. Die Verbindungsstellen der Abzweigröhrchen mit dem Rohr A (die Druckentnahmestellen) sind sorgfältig herzustellen, damit keine Fehlerquellen in der Druckanzeige bei der Strömung im Rohr A entstehen; die Abzweigröhrchen sollen stumpf und bündig an das Rohr A angeschweißt sein. Eine Konizität des Rohres A veranlaßt Diagramme ähnlich denen der Abb. 13 und 14. Zur Einregulierung der Wassersäulen in den U-Rohren auf die Nullinie und zur Ausgleichung der Störungen, welche durch Temperaturveränderungen der eingeschlossenen Luftvolumina und durch die Änderungen des Barometerstandes entstehen, wird zweckmäßig je eine unten an das U-Rohr angeschlossene mit Flüssigkeit gefüllte dickwandige Gummiblase angeschlossen, welche durch ein mehr oder weniger starkes Zusammendrücken eine Hebung und Senkung der Minisken gestattet. Im übrigen wird auf die photographischen Aufnahmen Abb. 79 bis 81 verwiesen, aus denen der Aufbau des Apparates im allgemeinen und einige Detailkonstruktionen hervorgehen dürften. Abb. 79 stellt eine Aufnahme der Rückseite des Apparates dar, als er außer Betrieb war. In Abb. 80, welche die Vorderseite des Apparates zeigt, ist das von diesem gezeichnete Druckdiagramm wiedergegeben, wenn der durch den »Auftrieb« hervorgerufene Strömungsvorgang mit Reibung und Eintrittswiderstand, aber ohne sonstige Einzelwiderstände im Rohr A vor sich geht; Abb. 81 zeigt das Druckdiagramm, welches von dem in Betrieb befindlichen Apparat aufgezeichnet wird, wenn in dem Rohr A zwei in Abständen hintereinander eingebaute verschieden große Einzelwiderstände vorhanden sind. Die Einzelwiderstände bestanden hierbei aus zwei Korkstopfen von verschieden großen Durchmessern; die Stopfen waren auf einen Draht aufgezogen und ließen sich auf diesem verschieben. Ein Vergleich des Diagrammes der Abb. 81 etwa mit dem Diagramm Abb. 15 läßt die Anschaulichkeit in der Wirkungsweise des Apparates erkennen.

Literatur.

1. Hütte, des Ingenieurs Taschenbuch.

2. Rietschels Leitfaden der Heiz- und Lüftungstechnik.

3. Kalender für das Gas- und Wasserfach.

4. Das Gas- und Wasserfach, Journal für Gasbeleuchtung und Wasserversorgung (GWF).

5. Stahl und Eisen, Zeitschrift für das Deutsche Eisen- und Hüttenwesen.

6. Gasfeuerstätten und -geräte für Niederdruckgas (herausgegeben vom Deutschen Verein von Gas- und Wasserfachmännern).

Einige Hinweise auf die Stellen in obiger Literatur sind im Text eingefügt.

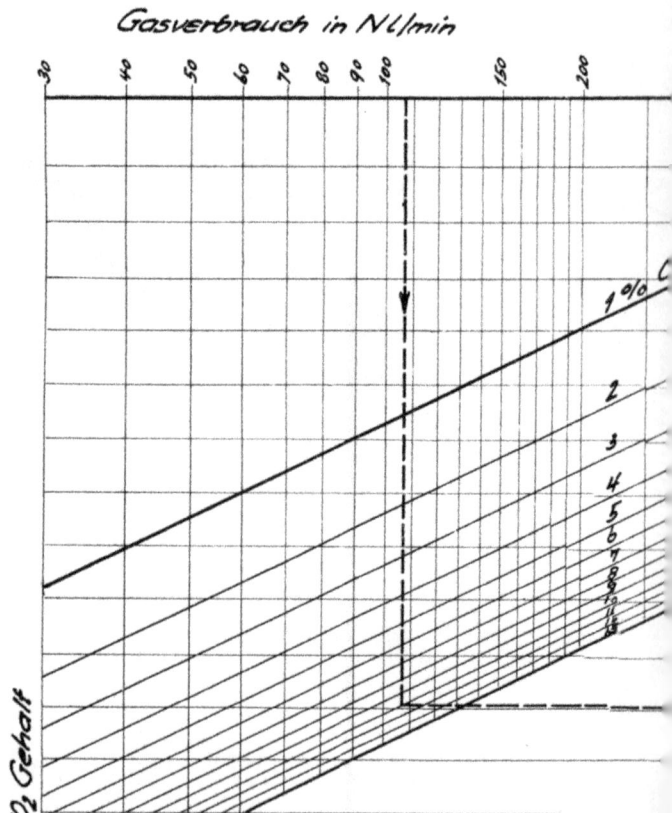

Abb. 73

Diagramm zur Ermittlung der Abmess
von Abgasrohren.

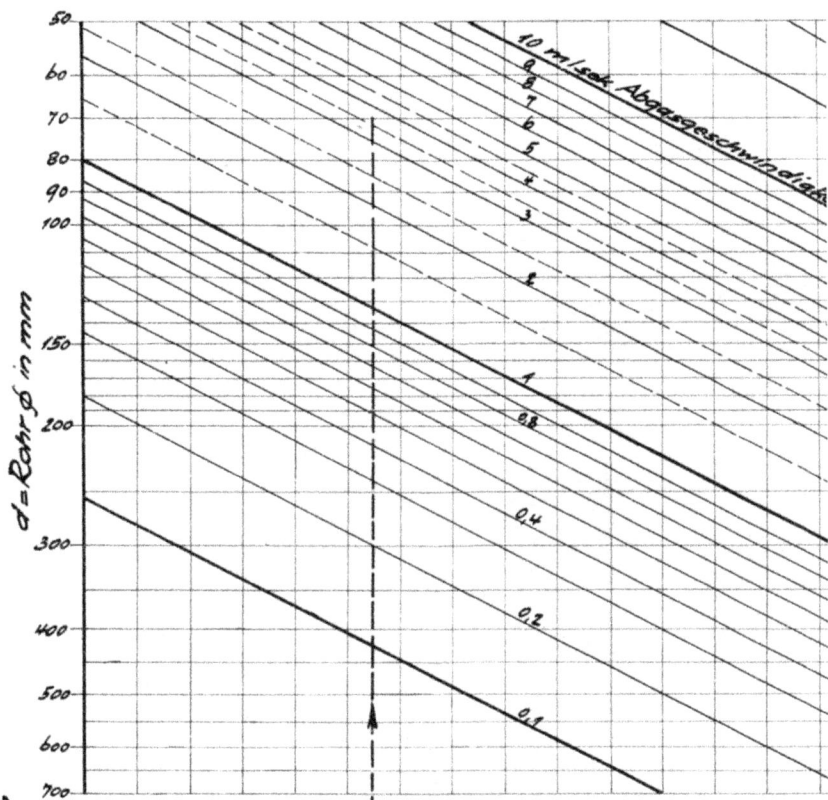
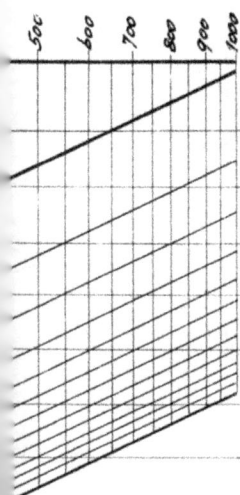
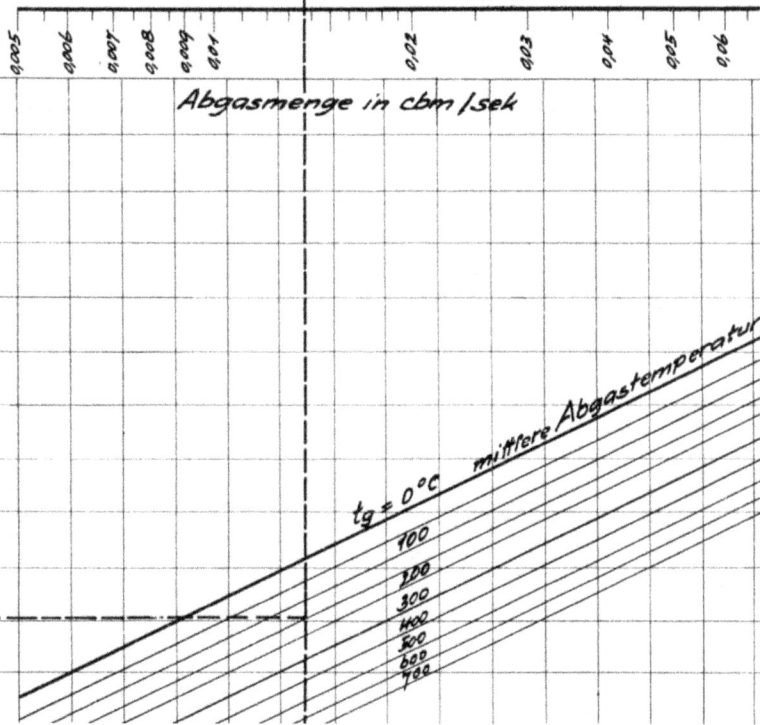

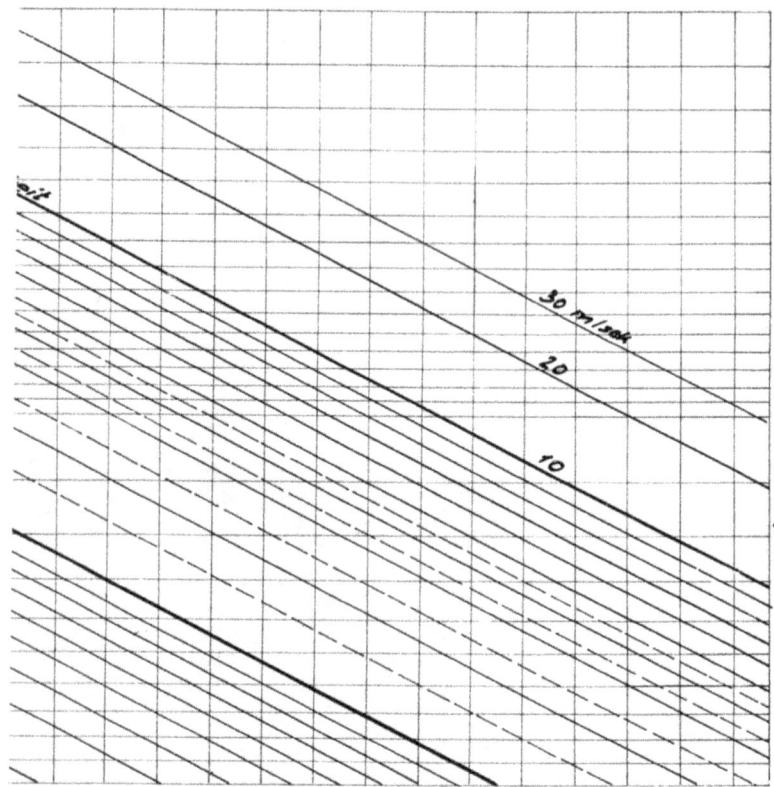

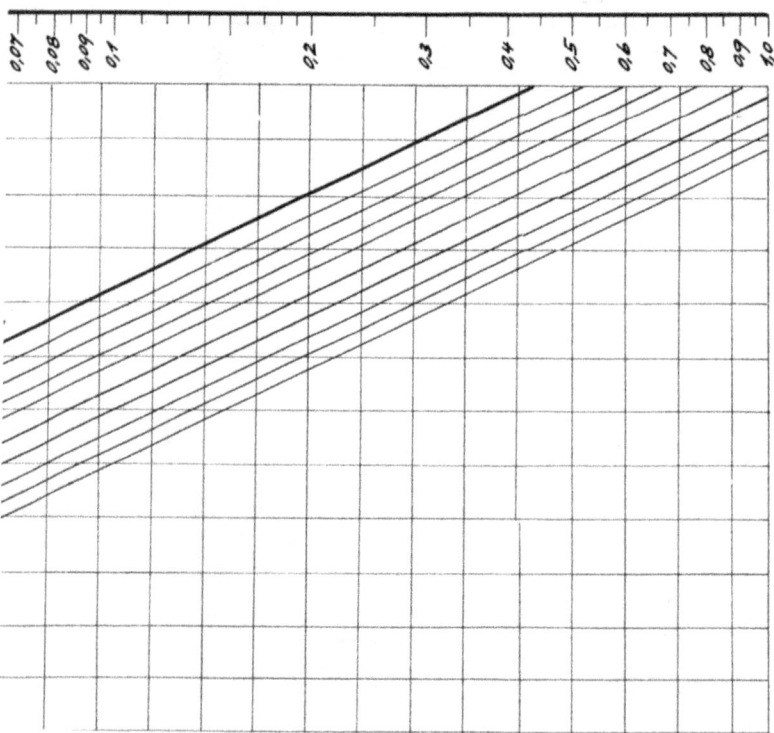

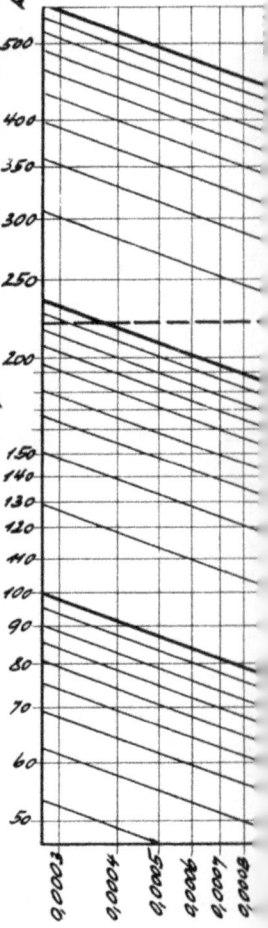

Rohrreib

Rohr ⌀ in mm

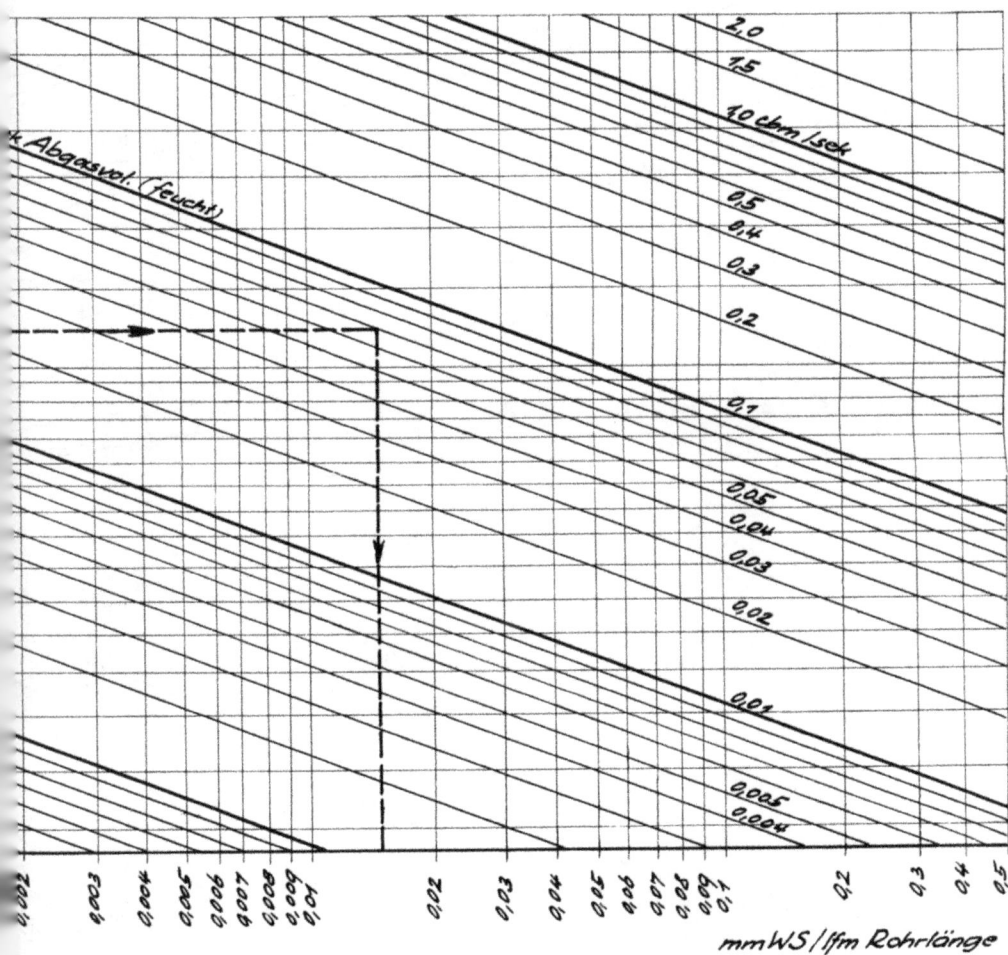

mm WS pro lfm Rohrlänge für Abgase mit $\gamma_g = 0,8\,kg/cbm$
(= feuchte Stadtgasabgase bei 150°C u. 760mm QS)

k Abgasvol. (feucht)

2,0
1,5
1,0 cbm/sek
0,5
0,4
0,3
0,2
0,1
0,05
0,04
0,03
0,02
0,01
0,005
0,004

0,002
0,003
0,004
0,005
0,006
0,007
0,008
0,009
0,01

0,02
0,03
0,04
0,05
0,06
0,07
0,08
0,09
0,1

0,2
0,3
0,4
0,5

mm WS / lfm Rohrlänge

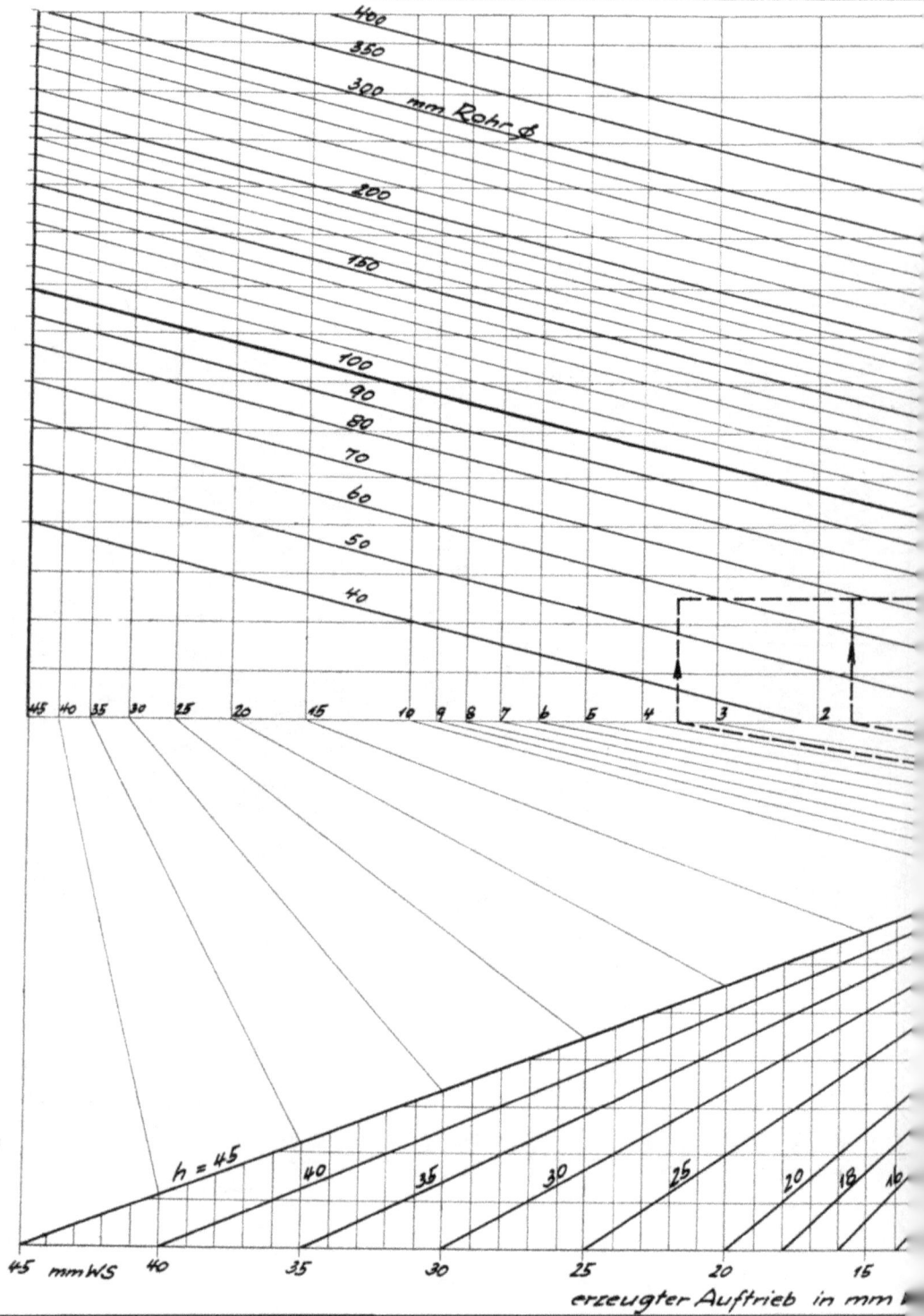

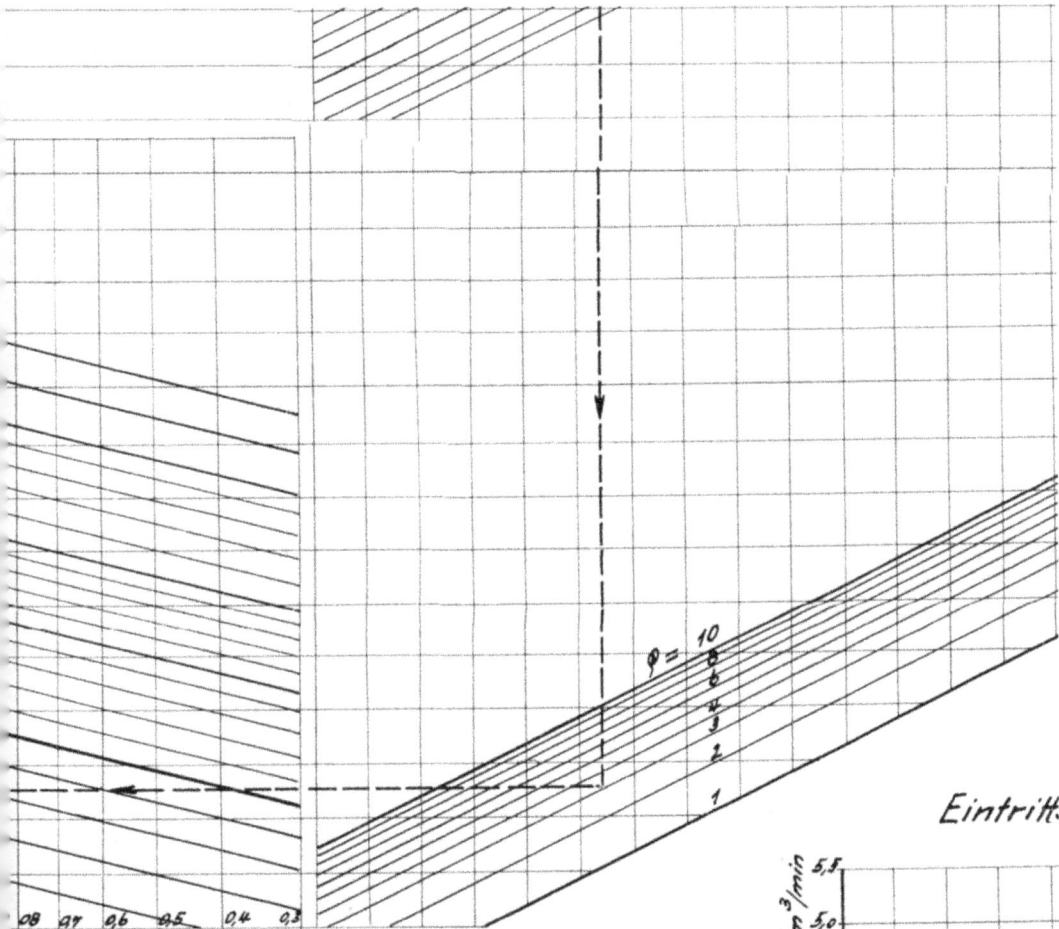

$\varphi = 10$
8
6
4
3

2

1

Eintritt.

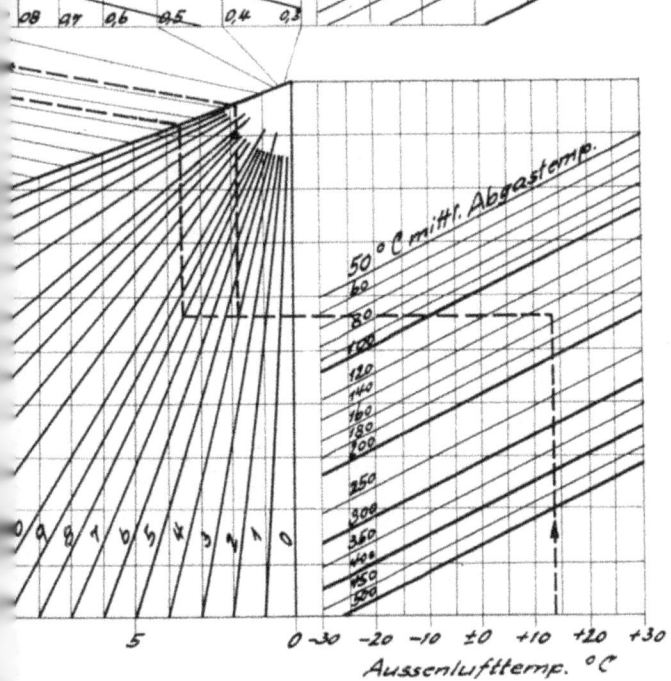

°C mittl. Abgastemp.

50
60
80
100
120
140
160
180
200

250
300
350
400
450
500

08 07 0,6 0,5 0,4 0,3

0 9 8 7 6 5 4 3 2 1 0

5

0 -30 -20 -10 ±0 +10 +20 +30

Aussenlufttemp. °C

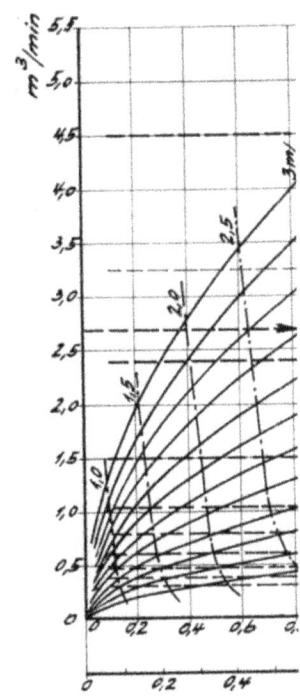

m³/min 5,5
5,0
4,5
4,0
3,5
3,0
2,5
2,0
1,5
1,0
0,5
0

3m/
2,5
2,0
1,5
1,0

0   0,2   0,4   0,6   0,

0   0,2   0,4

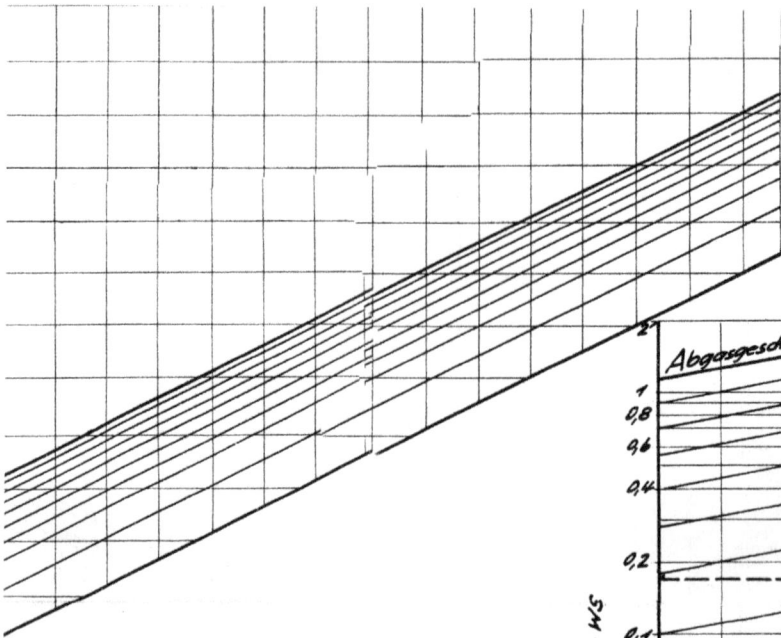

Abgasgeschw. 10 m/sek

swiderstand für Rohre

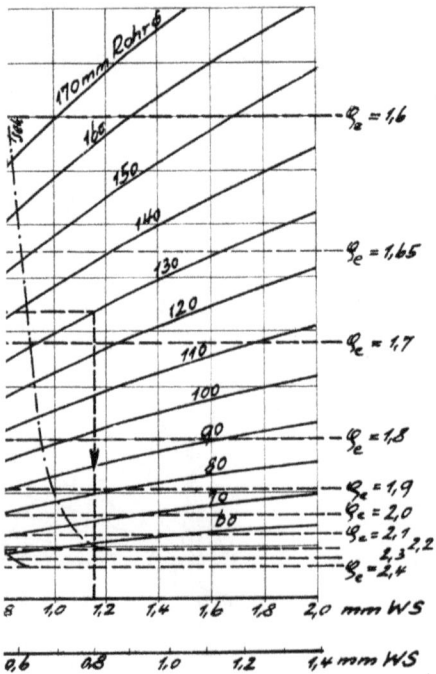

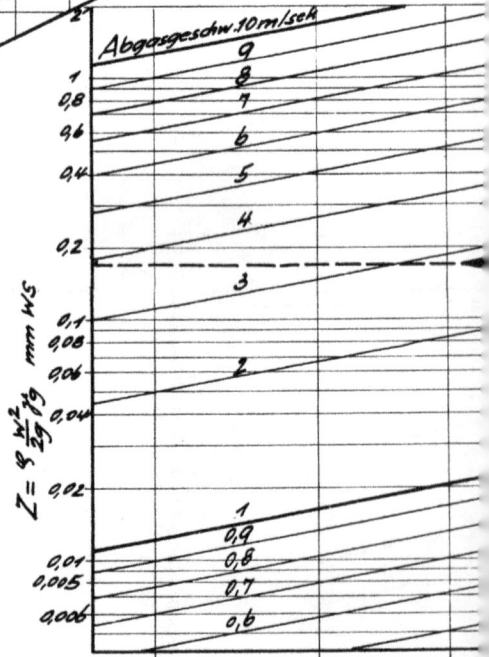

$Z = \varphi \dfrac{w^2}{2g} \gamma g$ mm WS

Werte für φ 0,3   0,4   0,5

Bogen
90°

Formstück

170 mm Rohr ∅

160

150

140

130

120

110

100

90

80

70

60

$\varphi_e = 1,6$

$\varphi_e = 1,65$

$\varphi_e = 1,7$

$\varphi_e = 1,8$

$\varphi_e = 1,9$
$\varphi_e = 2,0$
$\varphi_e = 2,1$
2,3 2,2
$\varphi_e = 2,4$

8 1,0 1,2 1,4 1,6 1,8 2,0 mm WS $\gamma = 1,15$

0,6 0,8 1,0 1,2 1,4 mm WS $\gamma = 0,8$

ände $Z = \zeta \frac{w^2}{2g} \gamma_g$ in mm WS in Abgasleitungen
bm (= feuchte Stadtgasabgase bei 150 °C u. 760 mm QS)

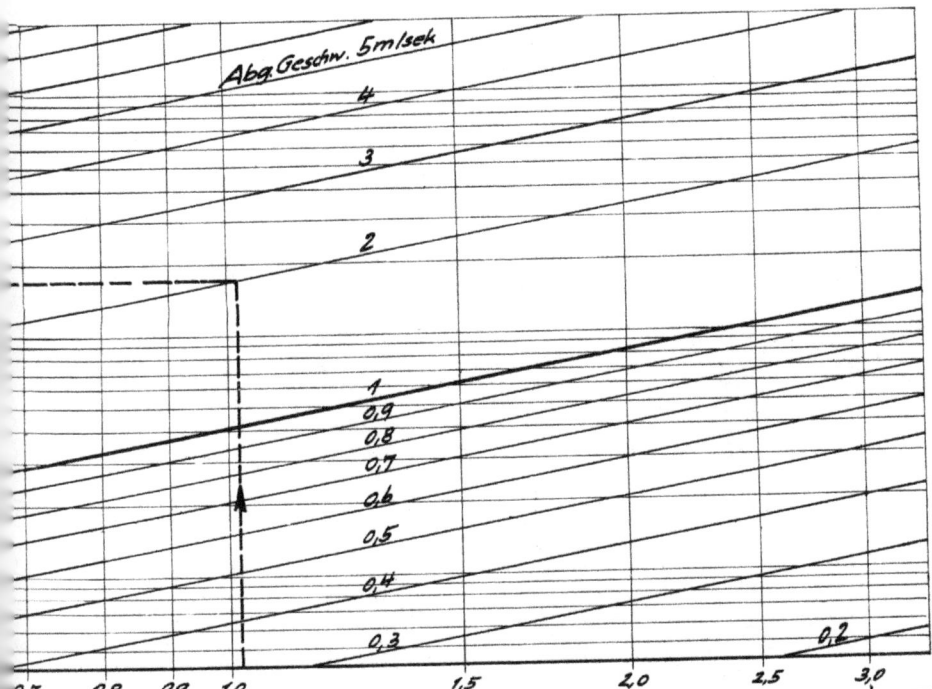

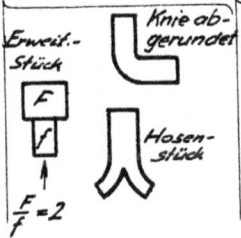

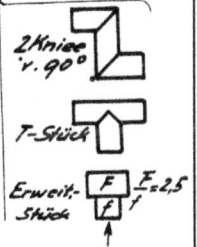

www.ingramcontent.com/pod-product-compliance
Lightning Source LLC
Chambersburg PA
CBHW031444180326
41458CB00002B/638